タンパク質の一生

——生命活動の舞台裏

永田和宏 Kazuhiro Nagata

岩波新書
1139

はじめに――細胞のなかの働き者、タンパク質

「タンパク質」ときいて、まず何を連想するだろうか。牛乳や牛肉、豆腐など、食品に含まれる栄養素としてのタンパク質を連想する人が多いかもしれない。あるいは「美肌効果がある」などと宣伝されているコラーゲンを思い出す読者もあるだろう。

しかし、タンパク質を含むのは、牛肉や大豆だけではない。私たち人間の身体は、その六〇～七〇パーセントが水分であるが、固形成分の約二〇パーセントはタンパク質である。私たちの身体を構成するタンパク質は、二〇種類のアミノ酸が枝分かれすることなく一列につながってできている。食品として摂取したタンパク質を、アミノ酸というその構成要素にまで分解し、再びアミノ酸をつなぎあわせてタンパク質を作り出す。このサイクルこそが生命活動の根本であり、タンパク質は人間の身体を担っているもっとも重要な物質のひとつである。

「人体はひとつの宇宙である」とはよく言われることだが、いくつかの数値をみてみると、そのことがよく実感できる。詳しくは後の章でみることにして、ここでは三つだけ質問をして

みよう。

第一問は細胞について。私たちヒト(生物学的には、「人間」と言わずに「ヒト」とカタカナで書くことになっている)の身体が「細胞」からできていることはおおかたの方がご存じだと思うが、身体が何個の細胞からできているかはご存じだろうか。答えは、約六〇兆個である。とてつもない数字でなかなか実感できないが、たとえば平成一九年度の日本の国家予算は、一般会計で約八〇兆円。これも実感できない数字であることは同じだが、もしこれだけの金額を一万円札で積み上げるとすると、一〇〇万円で一センチとして、八〇〇〇キロメートル。富士山の高さの二〇〇〇倍以上、長さにすれば、東京から下関までの直線距離である。

ひとつひとつの細胞の大きさは種類によって違うけれども、おおよそ一〇〜二〇ミクロン。一ミリの一〇〇分の一から五〇分の一程度である。ついでに一個の細胞の大きさを直径一〇ミクロンの球と仮定して、身体全体の細胞を一列に並べてみると、長さは六〇万キロメートルとなる。私たち一人ひとりの身体の中には、このくらいの細胞が詰まっているのだということをまず確認しておこう。

赤血球を例外として、私たちの細胞は、それぞれが「核」と呼ばれる部分を持ち、その中に「DNA」を蓄えている。今やDNAは遺伝情報を保持しているものとしてよく知られているが、親から子へと伝えられる遺伝情報、身体の設計図を担うこのDNAは、簡単に言えばごく細いヒモのようなものである。情報は、どんな場合でもひととおりに読み出せることが必要だが、枝分かれしないヒモのような構造をとることによって、情報の一意的な伝達を可能にしている。ＤＮＡのヒモは四六本の染色体として核に収まっているが、一個の細胞に含まれているＤＮＡをつなぎ合わせてまっすぐに一本に伸ばすと、約一・八メートルにもなる。つまり、わずか一ミリの一〇〇分の一程度の細胞の中の、そのまた一部である核の中には、実に自分の背丈ほどのＤＮＡが詰まっているのである。

それでは第二問。ヒト一人の体内にあるＤＮＡをすべて一直線につなぎ合わせるとすると、どのくらいの長さになるだろうか。答えは単純なかけ算で、一・八メートル×六〇兆、すなわち一〇〇〇億キロメートル。国家予算どころではない。なんと太陽と地球を三〇〇往復することができる長さになる。私たちの身体は、まさに天文学的な数値を抱え込んでいるということがわかる。細胞というのはまことにちっぽけな生命の単位であるが、その中には宇宙的な数値をも抱えこんだ「ミクロコスモス（微小宇宙）」であると言うことができるだろう。

もう二〇年以上も前になるだろうか、本庶佑《ほんじょたすく》氏の『遺伝子が語る生命像』（講談社）という本を何気なく読んでいて、このＤＮＡの長さの記述に行きあたった。アバウトな数字の遊びには過ぎないが、それはまことに新鮮な驚きであり、生物というものの存在の神秘をかいま見た思いがしたものだ。

昨今は、小中学生たちの自殺のニュースや、幼い子供の虐待死の事件などをいやというほど聞かされる。それらに対して有効な予防法を講じることは緊急を要する国家的な課題だと思うが、個人的には、命の大切さを一〇〇回繰り返すよりも、私たちの持っているDNAの長さのマジックを話して聞かせることのほうがよほど効果があるのではないかと思っている。

私たちは、身長わずか二メートルにも満たない存在である。地球という規模でみても、また私たちが生きられるわずか一〇〇年という時間の長さでみても、まことにちっぽけな、頼りない存在であるに違いない。しかし、そんなちっぽけなものとしか実感できない自分という存在は、一方で、ミクロとマクロをつなぐ、偉大なるコスモスでもあるのだ。一人の人間は、実に六〇兆もの細胞を抱え、親から受け継いだDNAの総延長は太陽と地球を三〇〇往復できるだけの長さを持っている。頼りなげで、しかもおぼつかない〈自分〉という存在を、こんな見方から見直してみたら、安易に死んでしまったり、あるいは幼児を虐待したりなど、とんでもないことだということが少しは実感できるようになるのではないだろうか。命の大切さを、頭ではなく、実感として理解すること、それはこれから述べていくように、生命の巧妙な仕組みに触れることで、自然に実感されるようになるかもしれないと期待したいのである。

さて、次に第三問。この細胞というミクロコスモスの中に、それではタンパク質はどれくらい含まれているだろうか。この答えもまた天文学的で、六〇兆個の細胞が、それぞれ八〇億個くらいのタンパク質を持っていると言われている。しかも、この八〇億個というのはいったん作られたらそれで終わりではなく、常に分解と生成を繰り返して、新陳代謝をおこなっている。その生成のスピードたるや、もっともアクティブな細胞では一秒間に数万個という計算がある。一ミリの一〇〇分の一ほどの大きさの細胞、その一個の細胞が生きていくためだけに、八〇億個ものタンパク質が必要なのである。

六〇兆の細胞の一個一個の中では、毎秒毎秒恐ろしい勢いでタンパク質が作られ続けている。私たちは普段そんなことを意識したこともないが、私たちの知らないところで、そんな忙しい、そしてひそかな営みがあってはじめて、私たちという存在があるのである。

そして、本書でこれから見るように、こうして生み出されたさまざまなタンパク質こそが、この生体というもうひとつの宇宙、ミクロコスモスの生命活動をあらゆる面で支えているのである。逆に言えば、タンパク質について知ることは、とりもなおさず「生命」の営みそのものを知ることであると言ってもいいだろう。タンパク質と言えば、すぐに牛や豚などの肉、あるいは大豆などの植物性タンパク質など、食べ物を一般には連想する。しかしタンパク質は、食物として大切なだけではなく、私たちの細胞をもっとも小さな単位とした「生命」の営みそのものを担う、もっとも大切な働き手なのである。さまざまな病気にも、そのどこかでタンパク質が関わっている。ある場合には、生命活動に必須のタンパク質が欠如したり、異常を起こしたりして、正常な生命活動を営めなくなったり、またある場合には、異常なタンパク質が蓄積して、アルツハイマー病やプリオン病（BSEなど）のように私たちの神経細胞を損なったりする。タンパク質は、まぎれもなく私たちの生命活動の主役であると言っても過言ではない。

生命科学、ライフサイエンスという言葉は、すでに一般の方々にも馴染み深い言葉になってきた。生命活動を担う分子を対象に、それらの分子がいかに働いて、生命活動がおこなわれているのか、それを解明する学問が生命科学である。本書は、細胞生物学という現代の生命科学のもっとも根幹をなす分野について述べることになるだろう。しかし、単に細胞生物学の教科書を目指しているのではもちろん無い。生命活動の主役であるタンパク質に焦点をあて、その個々のタンパク質にも、人間の一生と同じような、誕生、成長、成熟、老化、そして死というドラマがあることを、読者の方々と一緒に体験してみようとするものである。さらには、最近、大きな注目を集めている、タンパク質自身の病気とも言える、異常なタンパク質の生成と、それらの異常をいち早くキャッチして、そんな異常事態に対処する、細胞の危機管理能力について説明することにもなるだろう。そのような危機管理システムが破綻することが、即、病気に直結することは言うまでもないことである。そうした細胞内のタンパク質品質管理システムとその破綻としての病気というところにも光をあててみたい。

本書では、まず第一章で、タンパク質が働く場としての細胞について簡単に説明したい。高校レベルの生物学知識のおさらいも含むので、生物学になじみの薄い方はぜひ目を通していただきたいと思う。つづいて第二章で、DNAに蓄えられている遺伝情報を元に、どのようにタンパク質が作られていくかという合成のメカニズムを見る。さらに、こうして作られた後、それぞれのタンパク質がどんなふうに構造を作っていくか、その成長・成熟の機構について第三章で説明する。タンパク質の一生の、いわば青少年期である。

タンパク質というのは実は作られただけではだめで、正しい場所に輸送されないと機能しない。そしてどこへ輸送されるかは、面白いことにタンパク質自身に荷札として書き込まれている。このような輸送先の認識と選別機構の話を第四章で取り上げたい。人間の一生というアナロジーで言えば、通勤とか転勤にあたるだろうか。

そのようにして正しく作られ、正しい場所に運ばれたタンパク質も、十分機能して働き終えた後では、やがて寿命を迎えることになる。第五章では、タンパク質の死として、分解がどのようにおこなわれているか、いわばタンパク質の一生の後半部、退職や老年期から、死にいたる局面を描くことになるだろう。

私たちの体内では、一日に大変な量のタンパク質が作られ、また常に分解されている。その中では当然間違ったタンパク質が作られることもあり、あるいは余分に作りすぎたタンパク質を処分する必要が生じる場合もある。そんな生産現場での品質管理のメカニズムについて第六章で話をしよう。人間社会では食品や医薬品の品質管理が杜撰でさまざまな社会問題となっている。しかし私たち個々の細胞の内部では、人間社会の品質管理機構を思わせるようなメカニズムが見事なまでに働き、そして決してそれらを誤魔化したり、なおざりにしたりしないで、まして改竄したりなどすることなく、実にきまじめにタンパク質の品質チェックをおこなって、再生や分解といった対処法を駆使していることを知るだろう。

しかし、これらの品質管理を間違ったり、不良品が大量に出過ぎて、処分すべきタンパク質を適切に処分できなくなると種々の病気が起こることになる。人間と同様、タンパク質の病気も老年期に起こりがちであるが、これも人間と同様、病気は若い時期、幼い時期にも当然起こるものであり、タンパク質の誕生の時にもきわめて精巧な品質管理システムが働いている。

これから章を追って、タンパク質の一生につき合っていただくことになるが、私たちが持っている数万種類のタンパク質のうち、短いものではわずか数秒の命しか持たないタンパク質も知られているし、長いものでは、実に数カ月にわたって働き続けるものもある。タンパク質は、実に個性的な存在でもあるのである。そんな多様性を一方では念頭に置きつつ、普遍的な一生というラインを強く意識しながら話を進めることにしたい。

目　次

本文イラスト＝飯箸　薫

第一章　タンパク質の住む世界——細胞という小宇宙

身近なタンパク質から

目に見えるタンパク質として、まずは牛肉や豚肉、鶏のもも肉など、食べ物としてのタンパク質を思い浮かべてみよう。肉はまさにタンパク質の塊と言ってもいいが、筋肉の主成分はアクチンおよびミオシンと呼ばれる筋肉の収縮運動には必須のタンパク質である。特にアクチンは動物の筋肉から容易に抽出、精製できることから、古くから研究されてきた。

豚骨ラーメンなどで骨を煮出した出し汁は冷えると固まってくるが、この固まりの中に多く含まれる成分としてコラーゲンがある。女性なら美容効果の面でコラーゲンを知っているかもしれないが、このコラーゲンも、私たちの身体を構成している全タンパク質の実に三分の一を占める、もっとも多いタンパク質であり、これも古くから研究が進んでいた。コラーゲンは細胞が作り出すタンパク質であるが、細胞の外へ分泌されて、細胞外マトリクス(基質)と呼ばれる、いわば細胞の蒲団のような役割をして、細胞と細胞のあいだを埋めるタンパク質として重要な位置を占めている。

それではアクチンやコラーゲンは牛などの肉や骨にだけ含まれるものであろうか。もちろん、否であり、私たちヒトの筋肉にも、動物と同じようにアクチンはきわめて多量に含まれている。筋肉だけではなくて、ほとんどの細胞はアクチンを持っている。筋肉が私たちの身体を動かすために働いているのと同じように、アクチンは、多くの細胞の中にもあって、細胞そのものの運動を担っているのである。細胞を動物の体から分離し、培養皿の上で培養してやると、アメーバのように運動をするのが観察できる。アクチンはそのような細胞運動に関わっているし、細胞内の物質輸送にも重要な役割を担っている。

私が研究を始めた頃、ようやく筋収縮だけでなく、細胞運動にもアクチン、ミオシンなどのタンパク質が関与しているらしいことが明らかになり始めていた。特にアクチンは、細胞運動だけでなく、細胞骨格として、細胞の形を保つのに柱や梁のような働きをしているらしいこともわかりかけてきていた。私は当時、白血病細胞の運動の研究に着手しており、白血病細胞からアクチンを精製することにした。はじめ五ミリリットルほどから培養を始め、毎日培養液を増やし、細胞を増殖させながら、最終的には一抱えもあるような大きな一〇リットル瓶で培養を続ける。最初の培養から一〇日以上をかけて、三〇リットルほどの培養液に育て上げると、そこからは、一〇〇億個ほどの白血病細胞を得ることができる。その細胞をつぶして、その中からアクチンを得るのである。その頃、哺乳類の細胞からアクチンを精製した報告は世界的にも一例あるだけで、わが国でアクチンを筋肉以外の哺乳類細胞から、まして血球細胞から精製して報告したのは、私が初めてであったはずだ。今ではめずらしくもなくなったが、ひそかな自慢である。サイエンスでは、そんなささやかな〈初《はつ》〉ということが、科学者の日々の実験の励ましになるものでもある。

アクチンもコラーゲンも、私たち人間が持っている大事なタンパク質であるが、実はこれらはヒトや牛などの哺乳類だけでなく、もっともっと下等な生物にも含まれている。たとえば魚にはもちろんあるし、ウニにも、科学者が普通にハエと言っている、ショウジョウバエ（果物に寄ってくる小さなハエである）にも、ほぼ同じようなアクチンが報告されている。そして、追々述べていくように、それらはタンパク質として互いにきわめて似かよった性質を持っているのである。

素材となる「アミノ酸」

最初に、タンパク質の基本構造がどうなっているか、確認しておくことにしよう。タンパク質とは、もっとも簡単に言えば、「アミノ酸が一列につながったもの」のことである。おおよそ物質の基本的な構成単位は「原子」であり、原子が集まって一定の機能を持つようになった

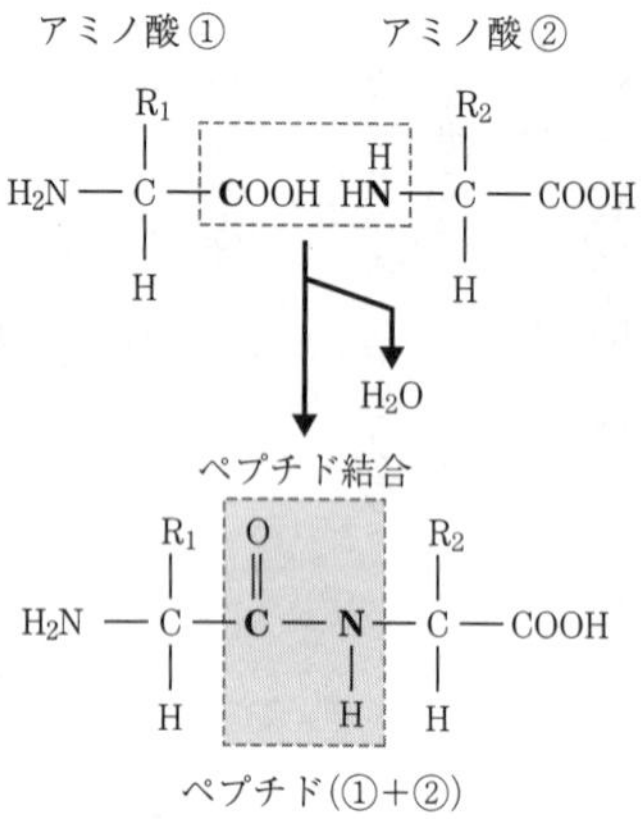

図1-1　アミノ酸の基本構造

最小単位が「分子」であるが、アミノ酸はタンパク質を構成する基本的な分子である。

アミノ酸を作る原子は何でもいいわけではなく、窒素（N、以下カッコ内、原子記号）・酸素（O）・炭素（C）・硫黄（S）・水素（H）の五種類に限られる。私たちの身体で働くタンパク質を作っているのは二〇種類のアミノ酸であるが、このわずか五種類の原子が集まって個々のアミノ酸を作っている。

アミノ酸はアミノ基（$-NH_2$）とカルボキシル基（−COOH）をもった化合物の総称であり、その基本構造は、どのアミノ酸でも変わらない（図1-1）。しかしそれぞれのアミノ酸は、「側鎖」（図ではRで表示している）と言われる少しずつ構造の違った枝を持ち、この違いによって個々のアミノ酸が違った性質を持つ。

一本の「ヒモ」

二〇種類のアミノ酸は、図1-1に見られるように、ペプチド結合という結合様式でつなぎ合わされて、どんどんのびてゆく。タンパク質の「形」、つまり構造を考える上で大切なことは、アミノ酸が「枝分かれせず一列に、一本のヒモとしてつながっている」ということである。後で詳しくみるように、タンパク質はすべてＤＮＡが持つ遺伝情報を設計図にして作られている。ＤＮＡの遺伝情報が指定するのは、アミノ酸を一列に並べる、まさにその順序だけなのである。

ＤＮＡに組み込まれた暗号を、ＤＮＡのヒモに添って読み取りながら、二〇種類のアミノ酸が並べられる。この元の情報となるＤＮＡが一本のヒモなので、それを元に合成されるアミノ酸もまた必然的に一本のヒモとなる。もしＤＮＡが途中で枝分かれしていたら、同じ親から受け継いだ遺伝情報も、途中の枝分かれを経て、まったく違った情報として子に受け継がれてしまう危険性がある。ＤＮＡに組み込まれた情報が一次元であることは、遺伝情報の厳密な保持という点から言っても、重要な意味を持ったことなのである。

数え切れない種類のタンパク質

ひと口に「タンパク質」と言っても、その種類は数万に及ぶ。素材のアミノ酸はたった二〇種類しかないのに、なぜそのようなことが可能なのだろうか。

ためしに一〇個のアミノ酸がつながってできているタンパク質を考えてみよう。二〇種類のものを一〇個組み合わせる場合、単純に計算しても、順序を含んだ組み合わせの可能性は二〇を一〇回掛け合わせた数、すなわち二〇の一〇乗、なんと約一〇兆通りのタンパク質を作ることが可能になる。さらに言えば、たった一〇個のアミノ酸でできているようなものは普通はタンパク質とは呼ばない。多くのタンパク質は一〇〇個から五〇〇個程度のアミノ酸がつながったものなのである。二〇の五〇〇乗を改めて計算はしないけれども、可能性としてはいかに想像を絶するほど多種多様なタンパク質が作られうるか、実感できるのではないだろうか。ちなみに、先に述べたアクチンは、約四〇〇個のアミノ酸がつながってできているし、コラーゲンにいたっては、一〇〇〇個以上のアミノ酸がつながったヒモが、三本のらせん状に寄り集まって、ひとつの分子を作っている。

骨格も、酵素もタンパク質

このように多種多様のタンパク質にはそれぞれ、生命維持機構の中で担っている独自の働きがある。たとえば、もっともイメージしやすいものとして、細胞や組織の構造、形作りに寄与しているタンパク質を見てみよう。私たちの身体の中にいちばんたくさんあるタンパク質はコラーゲンであるが、先に述べたように一〇〇〇個以上のアミノ酸からなる三本のヒモが、らせん状に絡みあった構造を持っている。細胞の外へと分泌されたのち、さらにその三本らせんが束となって、細長いコラーゲン線維を作る（図1-2）。コラーゲンをはじめとする数種類のタンパク質が集まって細胞外マトリクスと呼ばれる細胞外環境を作り、結合組織を形成している。またコラーゲンのうちでも、ある種のものは、基底膜という特別の膜構造を作るのに働く。基底膜は、上皮細胞というすべての組織や器官の表面を作っている細胞を支えるのに必須の膜である。たとえば血管は、血管内皮細胞という上皮細胞が管構造を作るが、血管内皮細胞の外側を覆っているのは基底膜であり、これがないと血管は容易に破れてしまって、生物は生きることができない。

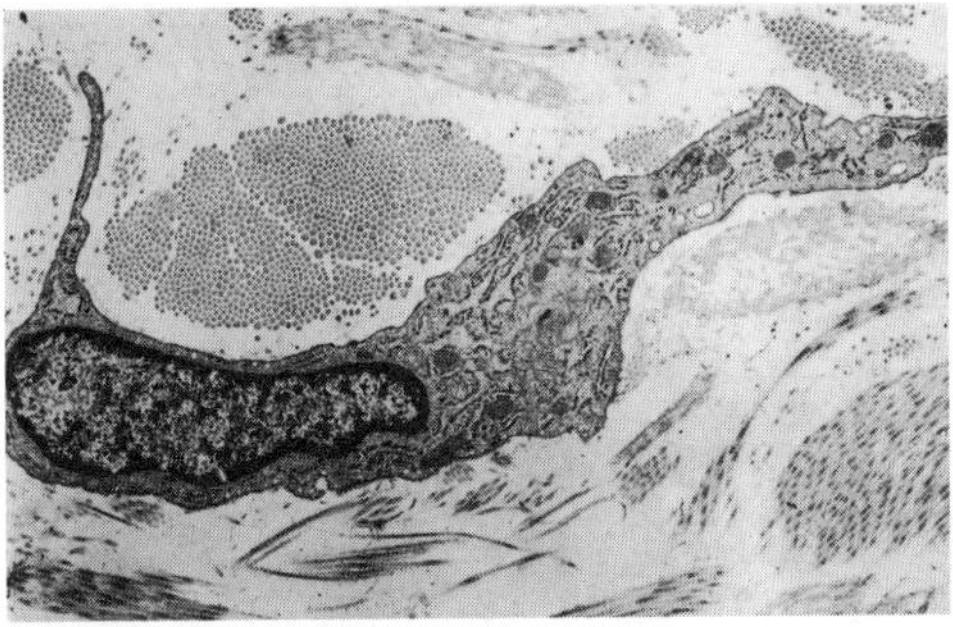

図 1-2　細胞とコラーゲン線維(藤田恒夫・牛木辰男『カラー版　細胞紳士録』(岩波新書)より). 左上がコラーゲン線維の断面. 右下が斜めに切れた側面. 中央を横切るのが線維芽細胞と呼ばれるコラーゲンを産生する細胞.

　形を支える、言ってみれば柱や梁のような働きをする線維は細胞の内側にも必要で、それは細胞骨格と呼ばれる。この細胞骨格の主成分のひとつが、アクチンである。細胞外マトリクスや細胞骨格など、細胞や組織の形を支える働きを持つタンパク質を構造タンパク質と呼ぶ。

　「酵素」という言葉はすでにポピュラーだが、この酵素もタンパク質である。生体内では、単純な分子から複雑な分子を合成したり、複雑な分子を単純な分子に分解してエネルギーを得たり、常に物質の変換がおこなわれている。これを一般に「代謝《たいしゃ》」と呼ぶが、体内においてこの代謝反応をはじめとして、多くの化学反応を円滑に進めるための触媒が酵素である。

たとえば激しい運動をしたとき、キャラメルや氷砂糖などの甘いものを口にすると元気になることがある。化学的に言えば、グルコースなどの糖分を分解することによって「ATP(アデノシン三リン酸)」というエネルギーの元になる分子を作り出す反応なのだが、この反応は、ただグルコースが食物として摂取されるだけでは進まない。そこに十数種類もの酵素が、一定の順序で触媒として働くことによって、グルコースをさらに別の低分子(サイズの小さい分子)に分解し、エネルギーを生み出しているのである。グルコースからエネルギー通貨ともいうべきATPにいたるまでの代謝反応の、その一段階ごとに異なった酵素が触媒として働いている。私たちの体内ではこれに限らず数知れない「代謝反応」が起こって生命を維持しており、ほとんどの場合に、タンパク質が酵素としてその反応を効率的に進めるために働いている。

さらに言えば、こうした細胞骨格などの構造タンパク質や、酵素として働くタンパク質を作る時にもまたさまざまなタンパク質が働いている。これについては、また後で詳しく見ることにしよう。もちろんDNAやRNA、脂質、糖やATPなど、体内で働くほとんどの分子の産生においても、その主役はまさにタンパク質にほかならないのである。

仕事人、タンパク質

物質やエネルギーを作り出すのもタンパク質なら、ATPを使い、生命維持に必要なさまざまな「仕事」をするのもタンパク質である。いくつか例を挙げておこう。

第四章で詳しく見るように、細胞の中ではさまざまな物質をさまざまな場所へ輸送する必要がある。細胞はそのためのインフラを持っている。細胞の中にはレールのような構造があって、その上を荷物を包んだ袋を担いで走るモータータンパク質が存在する。しかもこのレールには上りと下りの方向性があって、上り専用と、下り専用の二種類のモーターがあり、そのふたつを使い分けることによって、一本のレール上を二方向への物質輸送に巧みに利用している。この細胞内輸送といわれる仕組みにおいて、レールを作っているのも、モーターを作っているのもいずれもタンパク質である。

また、物質の輸送だけでなく、情報を伝えることも、生命維持には欠かせない大切な働きである。受精に始まる発生の過程においても、細胞の分裂や、受精卵から種々の体細胞への分化の指令は、すべてタンパク質が担う情報伝達の仕組みによって制御されている。情報伝達においては、通常、何段階にもわたってタンパク質がリレーゲームのように順番に情報を伝えるが、この場合にも、タンパク質にリン酸基を付加するいわゆるリン酸化反応などによって、情報伝達経路の下流にあるタンパク質を活性化し、次々とシグナルを伝えていくシステムを持っている。

このような分化の過程で、胎児の性も決められていく。受精卵が雌雄いずれになるかは、よく知られているようにX染色体とY染色体、すなわち性染色体の組み合わせで決まる。X染色体を二本持っているのが女性、X染色体とY染色体を一本ずつ持っているのが男性である。しかし、どうやら受精して七週目くらいまでは、まだ女でも男でもない状態であるらしい。八週目くらいになってやっと雌雄の区別があらわれるが、これは実は精巣決定遺伝子によって作られる、特定のタンパク質が規定しているらしいのである。元々は雌になるべく発生してきた胎児が、ある特定のタンパク質を作り出した場合にだけ雄になる。デフォルトは雌だったのである。免疫学者の多田富雄氏は、このような現象を捉えて、「女は「存在」だが、男は「現象」に過ぎないように思われる」(『生命の意味論』新潮社)と言っているが、けだし名言である。

そして最終的に、「死」もまたタンパク質がつかさどる。アポトーシスと呼ばれる、自ら死のスイッチをオンにするシステムを細胞は備えている。いわば細胞の自殺である。アポトーシスという言葉は、元々枯れ葉などが木から落ちるという意味のギリシア語に由来する。できれば長く細胞を生かしておくのがエネルギー効率の面からは望ましいだろうが、一方でいつまでも古くなった細胞が居すわっていると困ったことも起こってくる。また発生のあるステージでは、特定の細胞が死んで、除去されないと困る場合もある。たとえば人間の胎児は元々は両生類のカエルのように水かきを持っている。発生が進むにつれて、その水かきの膜にあたる部分の細胞がアポトーシスによって死んで脱落する。このようなアポトーシスをつかさどるのも、実はタンパク質である。アポトーシスという反応は、そうむやみに起こってもらっては困るのであって、そのスイッチは何段にもわたって慎重かつ厳密に制御されている。この反応には、アポトーシスをつかさどるタンパク質が、順々に下流へ向かって活性化される反応が関わっている。

タンパク質が、発生から分化、そして死まで、細胞や個体の一生をつかさどる重要な物質であることをざっと見てきた。細胞や個体の一生のすべてに関わるものがタンパク質であるが、一方で、そんなタンパク質自体にも一生がある。タンパク質にも人間と同じように、誕生があり、成長があり、就職や転勤のはてに、死を迎えることになる。「はじめに」でふれたように本書は、タンパク質の一生をつぶさに見ることによって、そのタンパク質によって担われている細胞という極小の宇宙、ミクロコスモスにおける生命活動の舞台裏を覗いてみようとするものである。

タンパク質の一生を辿ることは、いっぽうでまっとうな人生を送れなかったタンパク質にスポットをあてることにもなるだろう。正しい人生航路から横道に逸れてしまったタンパク質は、往々にして宿主である細胞や個体に悪影響を及ぼす。そんな病気がいくつもあることが分かってきたし、タンパク質の異常なふるまいによって引き起こされる種々の病態から、細胞や個体を守るために、細胞はタンパク質の品質管理を徹底する絶妙なシステムを備えていることも明らかになってきた。

細胞生物学

いわゆる生命科学といわれる研究領域には、図1-3に示すように、主として生命活動を担う分子を中心に研究する分野として、構造生物学、生化学、分子生物学、分子遺伝学などの分野がある。また、組織や個体としての生命活動や、そこから生じる病態などを扱う分野として、免疫学、病理学、発生学などの分野がある。中でも種々の機能分子、特にタンパク質が細胞という〈場〉の中で、どのように働いて生命活動を維持しているのかを研究する学問分野が細胞生物学である。すべての生命活動の最小単位は細胞であり、すべての分子は、細胞という〈場〉の中におかれてはじめて、その機能が意味を持ってくる。このように考えると、細胞生物学は、生命科学のもっとも根幹にある学問、そして分子と個体を橋渡しする学問分野であると言うことができよう。私の専門分野は、この細胞生物学であり、研究対象としているのは、後に詳しく述べるように、まさにタンパク質の一生に深く関与する分子シャペロンと呼ばれるタンパク質群なのである。

「はじめに」でふれたように、私たちヒトは約六〇兆個の細胞からできている。この六〇兆個の細胞は、目の細胞、皮膚の細胞など、おおよそ二〇〇種類に分かれると言われており、中にはひじょうに大きなものもある。たとえば神経細胞では、長いものになると一個の細胞の長さが一メートルにもなり、脊椎の中を通って脳と末梢組織をつないでいるようなものもあるが、大部分はせいぜい一〇ミクロンから数十ミクロン程度と考えてよい。こうしたさまざまな細胞の内部で、あるいはそのすぐ外側で起こっている出来事を、分子のレベルで理解し、メカニズムをつきとめること、それが細胞生物学あるいは分子細胞生物学といわれる分野である。

それでは以下、本章では、この細胞という小宇宙がどのようなものであるか、見ていくことにしよう。

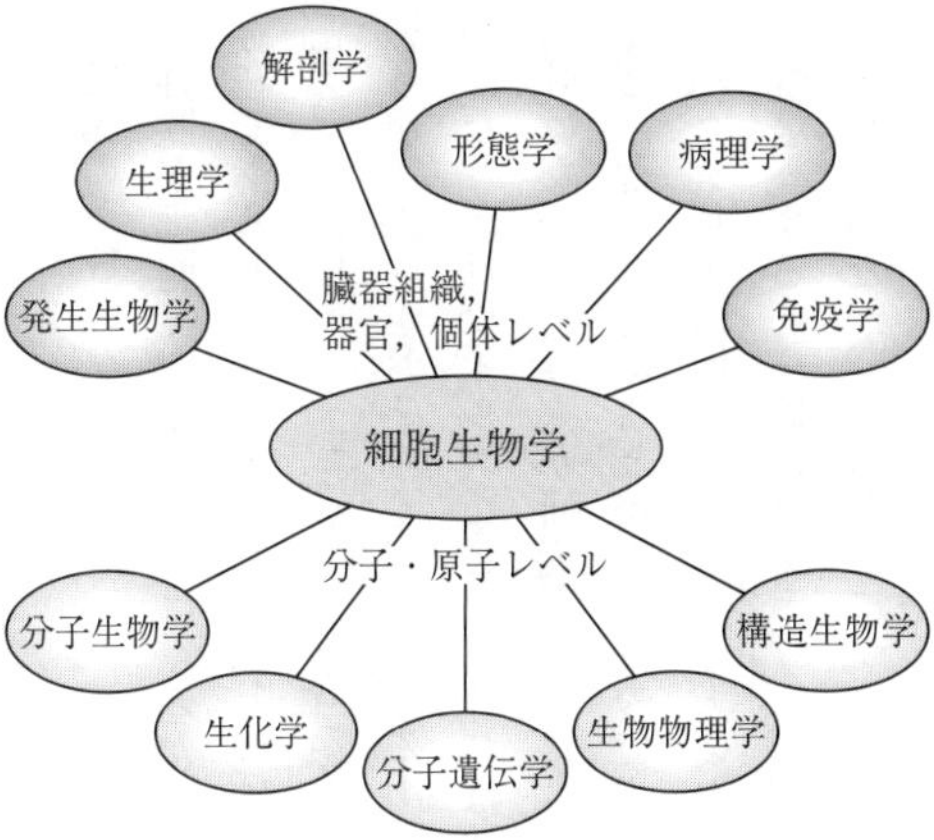

図1-3　細胞生物学と他の領域

細胞の条件

細胞が細胞であるためには、ふたつの条件が必要である。ひとつは膜で囲まれた、独立した存在であるということ。もうひとつは、自分の情報を元に、自分のコピーを作れることである。「生命とは何か」という問いに答えるのはもちろんひじょうに難しく、色々な答え方があると思うが、これがおそらく、今言える中ではもっとも正確な生命の定義であろう。判断が難しいのはたとえばウイルスなどで、これは他者の手を借りないとコピーが作れないために、生命とは呼ばないと言う人が研究者の中にもいる。しかし大腸菌のようなバクテリアになると、自力でどんどん増えることができるので、これは明らかに生命であると言ってよい。

バクテリアの増殖スピードは大変なもので、たとえば大腸菌は二〇分で一回分裂するため、一晩培養すると一個のバクテリアが何百億という数に増える計算となる。だからこそ感染症は恐ろしいのだが、このことについては後の章であらためて触れることにしよう。

生体のヒエラルキー

動物でも植物でも、生物の個体はそれぞれヒエラルキー（階層性）を持っている（表1-1）。生体の中で何が起こっているか、ひとつずつメカニズムをときほぐしていくためには、このヒエ

表 1-1　生体の階層構造（ヒエラルキー）

個　　体	
器　　官	心臓, 肝臓, 腎臓など, 根, 茎, 葉, 花など
組　　織	結合組織, 上皮組織, 神経組織など
細　　胞	血液細胞, 神経細胞, 筋肉細胞, 生殖細胞など
オルガネラ	ミトコンドリア, 小胞体, ゴルジ体など
分　　子	タンパク質, 核酸, 脂質, ATP など

ラルキー構造を押さえておくことが重要である。

何を「最小の要素」と考えるかは学問の分野によって異なるが、細胞生物学では「分子」を基本に考えることが多い。原子が集まって分子を構成しているが、生命活動の主役たち――タンパク質、核酸、脂質、糖、また先述のＡＴＰなどもすべて分子である。

脂質が二層に整列し、その中にタンパク質が組み込まれて細胞膜といわれる仕切りの膜を形成する（一〇六頁参照）。その中には、まず遺伝情報の保存場所でもあり、また情報の発信場所でもある核が存在し、さらにはミトコンドリア、小胞体、ゴルジ体、葉緑体などの、「オルガネラ（細胞小器官）」と呼ばれる細かい装置が多数存在する。細胞膜に区切られ、核とオルガネラを備えたものが「細胞」である。血液細胞・神経細胞・筋肉細胞・生殖細胞など、細胞にはおよそ二〇〇種類あることはすでにふれたとおりである。

この細胞が集まったものを「組織」という。これもまた、結合組織・上皮組織・神経組織など、さまざまな種類がある。神経組織などはおそらくイメージしやすいだろう。上皮組織は器官などのいちばん外側をくるんでいる細胞で、胃や腸などの表面を形成している細胞や、皮膚の細胞などもこれに含まれる。

この組織の上位概念が「器官」である。器官というのはいわゆる五臓六腑(心臓・肝臓・脾《ひ》臓《ぞう》・肺臓・腎臓、また、大腸・小腸・胆・胃・三焦・膀胱)と言われる概念に相当する。器官になるとひとつのくっきりした形を持ち、それぞれ固有の機能を持っている。そして、さらにこれらの器官や組織が集まって、ひとつの生体、個体を作っているというわけである。

動物も、植物も

この生体のあり方、また細胞の基本的な構成は、ヒトに限らず、動物・昆虫・植物などすべて同じである。植物は違うのではないか、という質問を受けることがあるが、実際には基本的な構造も、タンパク質を作るシステムも、ほとんど同じである。もちろん植物にも生殖細胞があり、花粉はそれにあたる。違うことと言えば、植物の場合は細胞のいちばん外側の膜のさらに外側に「細胞壁」と呼ばれる層があって、個々の細胞が固くできているということと、エネルギーを作るオルガネラとして、動物が持っているミトコンドリアに加えて「葉緑体」を持っており、光のエネルギーを利用できるということが挙げられるだろう。

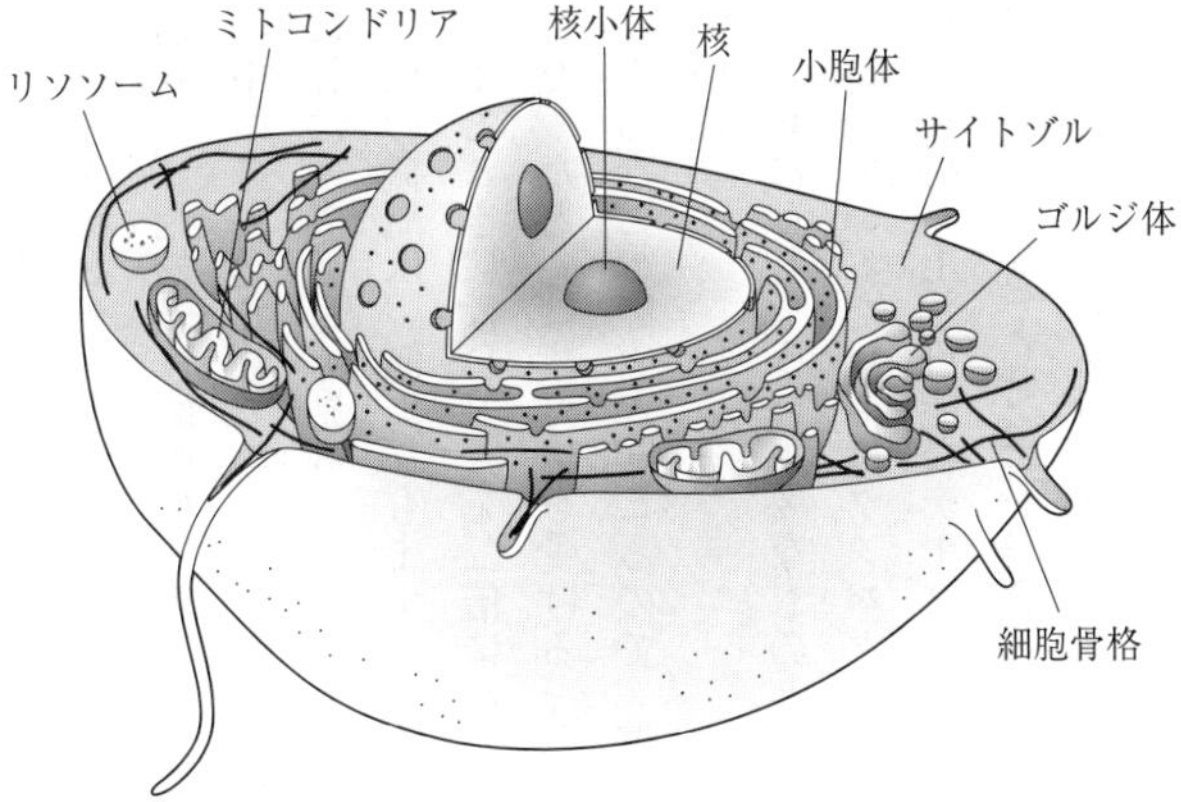

図 1-4　細胞の構造

細胞の構造

（動物）細胞の構造について、おおよそのイメージを示せば図1-4のようになる。各々の機能について詳しく説明するときりがないので、ここではタンパク質生成にかかわるものを中心に、いくつかを挙げておくことにしたい。

まず目につく構造体が、遺伝子の詰まった「核（細胞核）」である。細胞は、核とそれ以外の「細胞質」とに分かれ、核以外のものはすべて細胞質と呼ばれる（図1-5参照）。

核は、細胞の構成要素としては最も大きなもので、いちばん外側の「核膜」と呼ばれる膜には「核膜孔」と言われる孔《あな》があいている。細胞で作られるタンパク質には核の中で働くものと外で働くものとがあり、その出入りはこの核膜孔を通じておこなわれる。小さなタンパク質はこの孔を自由に通過できるが、ある程度以上の大きさのタンパク質は自由な通過をゆるされない。実は核へ輸送されるタンパク質には、それ自身の中に「核に行きなさい」という指令が書き込まれており、また核から細胞質へ出るためには、「出て行け」という指令が、これもそのタンパク質の中に書き込まれている。それらの指令書に従って、核内外への輸送がおこなわれているが、これは後で詳しく見ることにしよう。

核の機能は、何よりもまず遺伝情報を含むＤＮＡの貯蔵場所として働くことだが、細胞が分裂するときにはＤＮＡを二倍に増やす必要があり、そのためにＤＮＡを複製する場でもある。また、たとえば紫外線を受けるなどによってＤＮＡが傷を受けた場合には、そのままだとがんになるなどの障害が起こるので、傷を修復するための機構がある。その修復は核でおこなわれている。

さらにひじょうに重要なものとして、ＤＮＡ情報の転写という機能がある。ＤＮＡをそのまま持っているだけではタンパク質は合成できない。核という情報の巨大な保存装置から、まず、核から持ち出し可能なテープに情報を写し取る。このテープにあたるものがメッセンジャーＲＮＡ（ｍＲＮＡ）と呼ばれるＲＮＡであるが、この作業を転写と呼ぶ。いわばマスターテープからのダビングである。詳しい理解は、次章にゆずることにしよう。

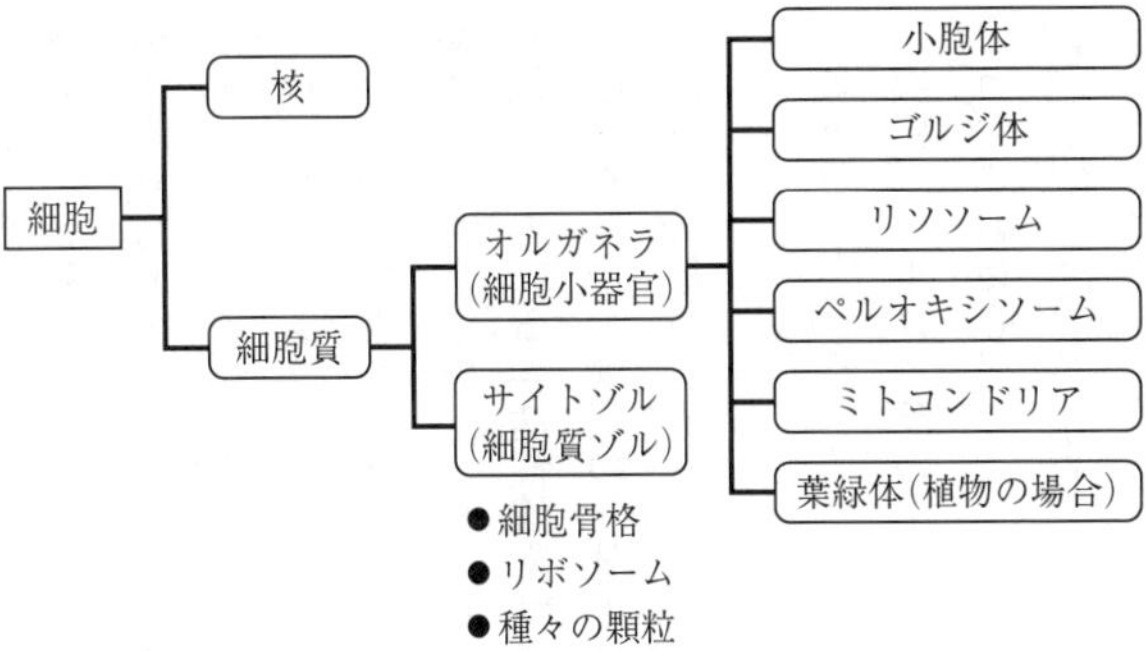

図1-5　細胞構造の分類

タンパク質を作る「小胞体」

核以外の細胞質は、先に少し触れた「オルガネラ」と、それ以外の「サイトゾル(細胞質ゾル)」と呼ばれる部分に分けられる(図1-5)。

この中でタンパク質生成にとってもっとも重要なのは、サイトゾルと、核の近傍に網目状に存在する「小胞体」である。細胞の外へと分泌されるタンパク質や、膜に局在するタンパク質は、小胞体で作られ、それ以外のタンパク質はサイトゾルで合成される。小胞体ではひじょうに活発にタンパク質合成がおこなわれているので、小胞体内部のタンパク質濃度はきわめて高い。一般の細胞ではそれほど目立たないが、たとえばアミラーゼのような消化酵素など、さまざまな酵素を作って分泌している膵臓《すいぞう》では、核のまわりに限らずサイトゾル一面に小胞体が発達している。小胞体の表面にはリボソームというタンパク質を作る装置が付着しており、リボソームで合成されたタンパク質が小胞体の内部に直ちに輸送される。小胞体の中で、一人前のタンパク質として構造を獲得したり、修飾を受けたタンパク質は、小胞体から「ゴルジ体」へと輸送され、さらにゴルジ体から細胞の外へと運ばれる。これが「中央分泌系」とよばれるタンパク質輸送経路である。

そのほか、タンパク質を分解する場所である「リソソーム」や、毒性の物質を分解するための「ペルオキシソーム」などもオルガネラにふくまれる。たとえば私たちのエネルギーの元になっている酸素が毒性を持っていると言うと驚く人が多いだろう。酸素は私たちの呼吸には必須の分子であるが、実は一面では細胞にとっては毒性をも持っている。「老化の大敵」などと宣伝されている「活性酸素」という言葉には聞き覚えがあるかもしれない。活性酸素は、強い反応性を持った酸素の一分子種であるが、活性酸素などの毒性物質は、ペルオキシソームにある酵素で分解される。

ミトコンドリア

次に、オルガネラの中でもっとも興味をそそられるもののひとつ、ミトコンドリアをみてみよう。これはひとことで言えば、植物における葉緑体とおなじくエネルギーを作り出すための「発電所」であり、細胞のエネルギー通貨とも言うべきＡＴＰが合成されている。図1-6に示したように、ミトコンドリアは外膜と内膜の二枚の膜で覆われ、内部はクリステと呼ばれる部屋に区切られている。元々、ミトコンドリアの「ミト」とは「糸のような」、「コンドリア」の単数形である「コンドリオン」は「粒」という意味で、一見すると糸のようにも見えることから名づけられた。私たちはエネルギーの元としてブドウ糖などの糖を利用しているが、糖を分解し、その分解産物から、ミトコンドリアで効率的にＡＴＰ産生がおこなわれる。

青酸カリという毒物はミステリードラマの定番であり、猛毒を持っていることはよく知られているが、青酸中毒では、青酸がチトクロムオキシダーゼというミトコンドリアの酵素と結合して、その機能を阻害することによって死にいたる中毒症状を引き起こす。このチトクロム系の酵素はＡＴＰを産生するための酵素であり、ＡＴＰ合成阻害により、組織呼吸が麻痺することが死の原因となる。

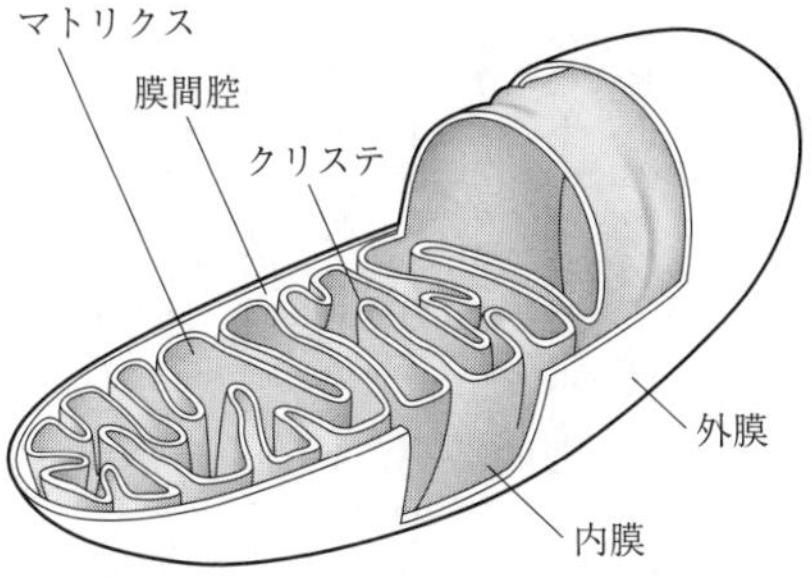

図1-6　ミトコンドリアの構造

共生細菌がミトコンドリアに

ミトコンドリアがなぜ面白いかといえば、それが細胞の進化の歴史とも深く関わるからである。ミトコンドリアは、元々は何億年も前に私たちの祖先の細胞に侵入して、そのまま共生するようになったバクテリアと考えられている。つまり、元をたどれば、私たちとは別の生物だったということだ。

ミトコンドリアは、自分自身の遺伝子を持ち、内部で独自にタンパク質を作り、おまけに勝手に分裂までおこなう。形もいかにもバクテリアという印象だが、これはヒトの起源を考えさせるとても面白いオルガネラである。日本ホラー小説大賞を受賞してベストセラーとなった瀬名秀明氏の『パラサイト・イヴ』(角川書店)という小説は、「何億年か前に人類の細胞に寄生したミトコンドリア」という存在に着想をえたものであった。長いあいだヒトの細胞の下積みになり、自己のアイデンティティさえ危うくなっているミトコンドリアが、あるとき、宿主であるヒトの細胞に(小説では人類に)復讐するというストーリーであった。映画化もされている。

ヒトの遺伝子は、父親に由来する精子と母親に由来する卵子がひとつにあわさることからできているため、子どもは両方の形質を受け継ぐが、両親のDNAの組み換えによって、DNAの配列に一定でない変化を生じる。一方で、同じヒトの細胞の中にありながら、ミトコンドリアは、その遺伝子を母親からしか受け継がない完全な母系遺伝である。つまり男性であっても女性であっても、そのミトコンドリアは母親からしか受け継がないのである。父親のミトコンドリアは、子どもには伝わらない。そのため組み換えがほとんど起こらず、ほぼ変わらない形で延々と受け継がれていく。一方でミトコンドリアにはDNAの複製に伴う間違い、すなわち変異を修正する機構がなく、生じた変異は蓄積しやすい。変異は時間に対して一定の割合で起こると考えられるので、ミトコンドリアの遺伝子の変異をたどると、母親のルーツをたどることが可能になる。この作業を推し進めて人間のルーツを探ろうとする試みがおこなわれ、アフリカが全人類の起源となった地であり、およそ二〇万年前に現在の各人種への分岐が生じたことが推定された。アメリカのカリフォルニア大学バークレー校のR・キャン(R. Cann)、A・ウィルソン(A. Wilson)らの研究であり、一九八七年に科学雑誌『ネイチャー』に発表された。この分岐の地点にいた二〇万年前の女性が「ミトコンドリア・イブ」と呼ばれることになった。

細胞の進化

それでは具体的に細胞はどのように進化してきたのかを、簡単に見ておくことにしよう。

いちばん最初の細胞は、DNAを持つが核は持たない「原核細胞」で、ある種の原始的な細菌だったと考えられている。この原始細菌はもはや見ることはできないが、核を持たない状態のまま現在まで残っている原核細胞には、「アーキア(古細菌)」と「真正細菌」とがある。アーキアとは、たとえば、温泉や海底火山の噴火口のような、通常、生物が生息できないところで生きているバクテリアの一群を言う。温度が九五度以上といった高温や、深海のまったく酸素がない過酷な条件下でも、硫黄などを利用して生き延びている。真正細菌というのは私たちの身近にある、普通にバクテリアあるいは細菌といわれるもので、たとえば大腸菌がその典型

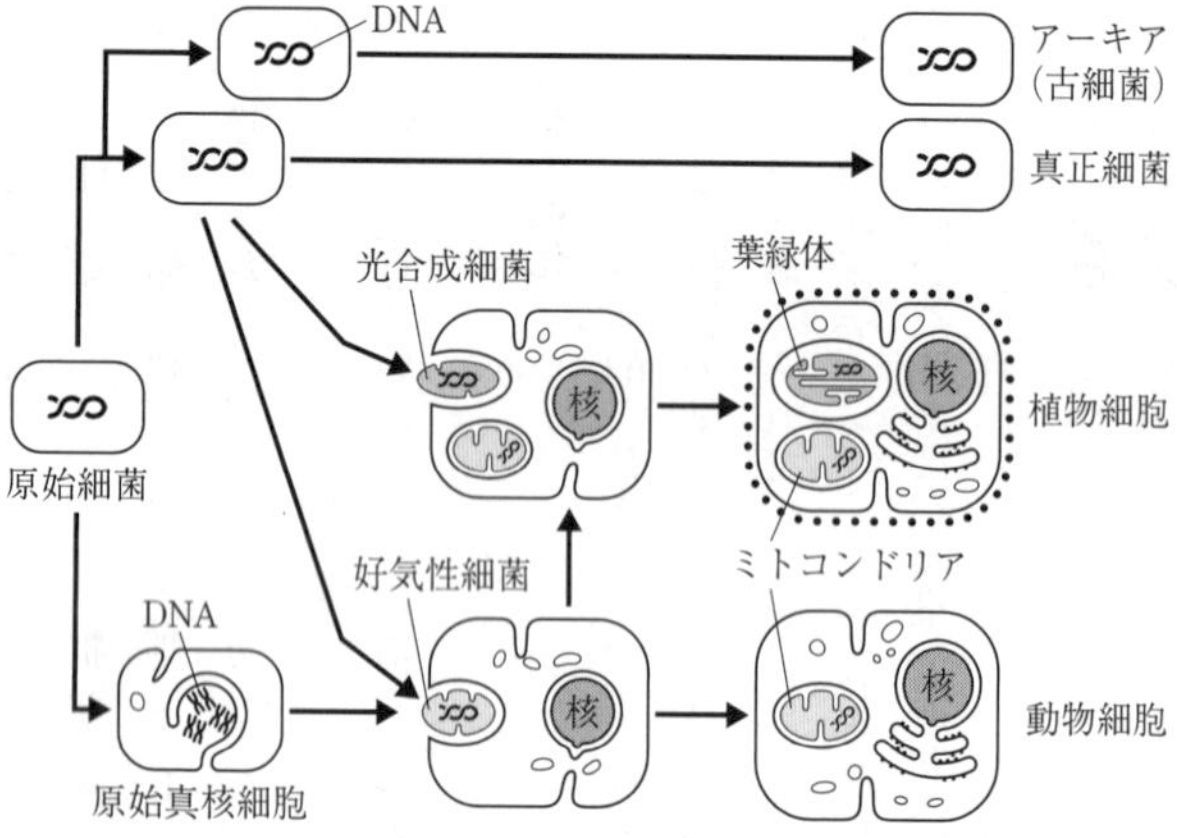

図1-7　細胞進化のモデル

である。赤痢菌、コレラ菌、結核菌などの病原微生物もこの中に含まれるだろう。名前から誤解されやすいが、進化の道筋から見れば、真正細菌の方ができたのは古く、アーキア(古細菌)の方が新しいと考えられている。

　これらの原始細菌から、あるとき、核を持つ「真核細胞」が生まれてきた。細胞膜というのは、シャボン玉の膜のようにとても柔らかいもので、容易にくびれたり、ふたつの膜が融合したりすることができる。図1-7の下段にあるように、何かのきっかけでくびれが生じ、そのくびれが進んで最終的に融合することで、細胞の中に二重の膜に包まれた部分ができる。これが核である。核のないバクテリアの場合、DNAはサイトゾルに存在するが、核ができた真核細胞は、それを一カ所に集めて貯蔵することで、DNAの分裂や複製を容易にした。

共生関係の成立

こうして生まれてきた、私たちの祖先となる原始真核細胞は、おそらく最初地球上に酸素がなかったために、酸素をうまく利用するシステムを備えていなかった。ところが次第にシアノバクテリア（藍藻）という藻類の一種が増えてきて、これが光合成をおこなう能力を持っていたため、地球上にはどんどん酸素が増えることになった。現在は、地球上の大気の約二〇パーセントが酸素である。酸素を利用する方が何十倍も効率よくエネルギーが得られるので、こうなってくると酸素を呼吸によって利用できる生物、いわゆる好気性細菌が効率的に生き残るのは当然である。あるとき、この好気性細菌が偶然に原始細菌に感染・侵入した。この好気性細菌は酸素を利用して、エネルギーを効率的に産生するので、内部に住まわせておくと細胞にとっては生存に都合がいい。ここからこのバクテリアとの共生が始まり、それがついにはオルガネラとして残ったのがミトコンドリアと考えられるのである。

それを証拠づけるのは、ミトコンドリアの二重膜である。ミトコンドリア自身が独自のＤＮＡを持ち、タンパク質合成もおこなっているのは先に述べたとおりだが、外膜と内膜に存在しているタンパク質を比較すると、内膜のタンパク質にはミトコンドリア自身のＤＮＡの情報から作られたものがあり、外膜のタンパク質はすべて宿主細胞の核にあるDNAに基づくものであった。つまり内膜は共生を始めたバクテリア、ミトコンドリアそのものの膜であり、外膜は、侵入してきたバクテリアを包むようにしてできた宿主細胞由来の膜だったのである（図1-6参照）。共生を裏づける証拠と考えられている。

ミトコンドリアも独立生活を営んでいた時代には、何万種類ものタンパク質を合成していたはずである。しかし共生を始めることによって、宿主の作り出すタンパク質をちゃっかり利用するようになり、宿主に存在する遺伝子で間に合うものはどんどん捨てていったのだろう。現在は内膜上に存在する十数種類のタンパク質を作り出すのみで、そのほかはすべて、リボソームなどの装置も含めて、宿主から供給されている。つまり宿主側はミトコンドリアの生存に必要なタンパク質を供給し、ミトコンドリアは、宿主に必要なATPというエネルギーを供給するのである。見事な共生関係であり、ミトコンドリアは多かれ少なかれ、私たち自身の〈内なる他者〉でもあると言えよう。

DNAとは何か

多細胞からなる真核生物では、赤血球や血小板などを例外として、細胞の中には核があり、その中にDNAが収まっている。そして、どの細胞も基本的にまったく同じDNAを持ってい

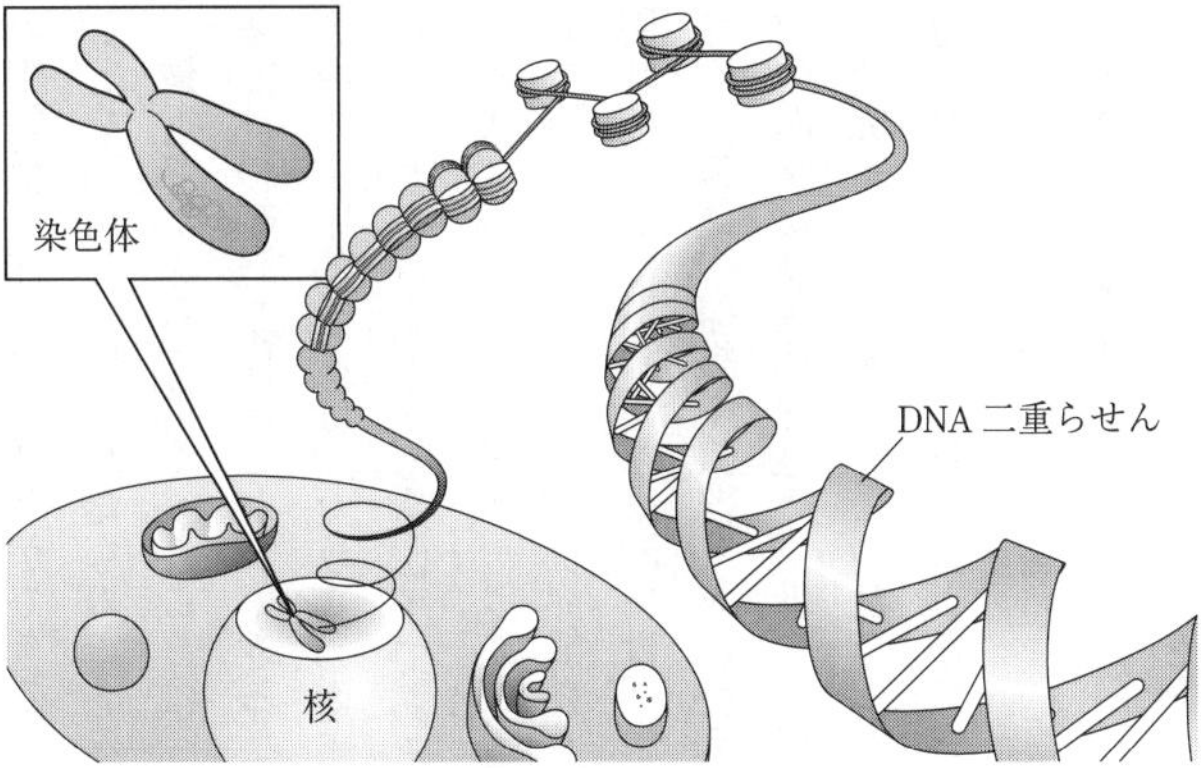

図1-8　DNAと染色体

る。ＤＮＡは染色体という形で核の中に存在するが（図1-8）、ヒトの細胞では、二三本の染色体を必ず対になるように二セット、合計四六本持っており、これを二倍体という。一個の卵子と一個の精子はいわば半人前で、それぞれ一セット（二三本）ずつしか染色体を持たないが、受精してようやく、一対の染色体のセットを備えた一人前の細胞になる。すべての細胞は、この一個の受精卵が細胞分裂することによって増えていくため、一個の個体の中のすべての細胞はまったく同じ遺伝情報を持つことになる。この情報の総体をゲノムという。

逆の言い方をすれば、核を持つ細胞であれば、身体のどの細胞であってもヒトのすべての細胞を作る能力を秘めているとも言えるだろう。受精卵からはＥＳ細胞（胚性幹細胞）という細胞を作ることができるが、ＥＳ細胞からは皮膚や神経を含めて、すべての細胞種を作り出すことができる。話題になった羊の「ドリー」などのクローン動物は、このことを利用して作られたものである。

最近ではさらに驚くべきことに、皮膚の細胞に、特定の遺伝子を入れてやることによって、多能性の細胞を作ることができるという報告がなされた。二〇〇六年に京都大学再生医科学研究所の山中伸弥氏は、マウスの皮膚の細胞に四つの遺伝子(他のタンパク質の発現を指令する転写因子をコードする遺伝子である)を導入することによって、どんな細胞にも分化できる万能細胞(人工多能性幹細胞、iPS細胞)を作り出し、世界をあっと言わせた。この発見を契機として再生医学の研究が、世界的にも実現可能な技術として爆発的な展開を見せつつあることは周知のことである。将来的には、患者さんの皮膚などの細胞からiPS細胞を作り出し、患者さんの病気の組織や臓器と入れ替えるなどという夢のような治療法が確立していくのだろう。再生医学は新局面を迎え、世界的に激烈な競争の時代に突入した。山中氏の研究室は、実は私の研究室の隣にあり、この数年、何十年に一度とも言える世界を震撼させるような発見を、間近でリアルタイムで見ることができたのは、個人的には大きな喜びでもあった。

DNAの情報量

DNAはタンパク質の情報を記録したテープである。その中にはどれくらいの情報がたくわえられているかを、文字という概念にたとえて言うなら、ヒトでは三〇億文字に相当する。

遺伝情報を文字にたとえたが、実際にはこの情報はＤＮＡを構成している塩基という物質の配列によって決められている。ＤＮＡの構造と塩基については後で述べるが、「生物の文字」として配列を決めている塩基は、たったの四種類しかない。四つの文字で、あらゆる情報をコードしているのである。コンピュータ言語が０か１かの二種類の文字からできており、すべてのプログラムも情報もこの二種類の文字によって書き込まれていることはよく知られているが、生物の場合はこれが四種類あることになる。この塩基の配列には個人差というのはほとんどなく、誰もが九九・九パーセント程度は同じである。一〇〇〇個に一個程度しか違わないわけだ。あるいは一〇〇〇個に一個も違っていると言うべきか。

そこで、ヒトが共通して持つこの「情報」をすべて解読しようと始められたのが、「ヒトゲノムプロジェクト」である。日本とアメリカとヨーロッパの研究所がチームを組んで、ヒトの染色体のすべてのＤＮＡを、ひと文字ずつ解読していった。幸いにもこのプロジェクトは成功し、二〇〇一年二月にその概要版が発表された。

余談ながら、この解読に際しては熾烈な競争があったことを、ご記憶の読者もあるだろう。日米欧が協力したナショナルプロジェクトが始まってから、セレラ・ジェノミクスというベンチャービジネスの会社が、一社でこれに取り組むことを宣言したのである。もちろん一社といっても、最新鋭のシーケンサーと呼ばれるＤＮＡの読み取り機械を備えた巨大企業であるが、はたしてどちらが先にすべてを解読するか、世界中が注目する熾烈な競争となった。医薬品の製造などにはこのゲノム情報がたいへん重要なものになると見込まれ、結果、もし読み取られた情報が特許として認定されれば、巨額のビジネス資源になりうると思われたからである。結局、最終的に読み終わったのはほぼ同時だった。一方は『ネイチャー』、もう一方は『サイエンス』というどちらも有名な科学雑誌に、同じ年（二〇〇一年）の同じ週にその結果が公表されている。

すべてはタンパク質のために

ＤＮＡに塩基配列として蓄えられている情報には、タンパク質のアミノ酸配列を指定する情報、タンパク質を作るために働く何種類かのＲＮＡのための情報、また多くの低分子ＲＮＡのための情報などが含まれる。さらに興味深いことには、生命活動に有用な情報を提供しているＤＮＡの領域は、すべてのゲノムのほんの一部分なのである。その他のおよそ九七パーセントの塩基配列は、タンパク質を作るための情報とはなっていない。これらは一見無駄なＤＮＡということで、ジャンクＤＮＡと呼ばれたりするが、それらの多くは、進化の過程で重複が起こったり、一部が欠けて用を成さなくなったりしたのであろうと考えられている。進化といえば、直ちに合目的的な、より高度なものへの変化をイメージしやすいが、実際にはこのように大いなる無駄を生じる過程でもあるのである。もちろん本当にジャンクであるのかどうかは、今後の研究に待つ部分も多い。実際、全ゲノムの七割程度は、生存に必要な多くの種類のＲＮＡを作っているのではないかという研究も発表されている。

全ゲノムの二パーセント程度の情報が、私たちの生存に必要なタンパク質の合成を指令する情報である。生物は、糖や脂質などさまざまな高分子物質を作り出しているが、それらの分子そのものを作るための情報はＤＮＡには書き込まれていない。ＤＮＡが持っているのは、こうした糖や脂質などを作り出すために働いているタンパク質(多くは酵素)の情報、それらタンパク質のアミノ酸配列を指定する情報だけなのである。

三〇億文字に書き込まれている情報から作られるタンパク質は、ヒトゲノムプロジェクトの成果によって、およそ二～三万種類と推定された。実際には、ＤＮＡ上の塩基配列だけでタンパク質の数が決まるわけではなく、ＲＮＡを編集してひとつの情報からいくつかのタンパク質を作り出すような巧妙なトリックを用いて、もっと多くのタンパク質を作り出している。現在でも、ヒトのタンパク質の正確な数は分かっていないというべきだが、おおよそ五～七万種類であろうと推定されている。

この数が多いものか、少ないものか。表１-２に、これまでに明らかにされている代表的な

表 1-2　生物のゲノムサイズと遺伝子数

生物種	ゲノムサイズ (塩基数)	遺伝子数
ヒ　ト	3.0×10^{9}	22000
ショウジョウバエ	1.8×10^{8}	12000
線　虫	9.7×10^{7}	14000
出芽酵母	1.2×10^{7}	6000
大腸菌	4.6×10^{6}	4300
シロイヌナズナ	1.3×10^{8}	26000
イ　ネ	3.9×10^{8}	32000

生物のゲノムについて、その塩基の数(文字数)と、それから作られると考えられる遺伝子の数を示した。この遺伝子の数が、ほぼ読み出されるタンパク質の種類に相当すると考えてよい。大腸菌では塩基対の数(ゲノムサイズと呼ぶ)が四六〇万塩基対(対と呼ぶのは、DNA上では四つの塩基は必ず対を作って存在していることによる。これも次章で詳しく説明しよう)で、それから読み出されるタンパク質は約四三〇〇種類。生命科学分野の実験でよく用いられるモデル生物というものがあり、その代表は大腸菌のほかに、酵母、ショウジョウバエ、線虫、それに植物のシロイヌナズナなどである。そのそれぞれのゲノムサイズと、遺伝子の数を見るとちょっと驚くに違いない。その差は想像以上にわずかである。ショウジョウバエでもゲノムサイズは一・八億塩基対で、遺伝子の数は一万二〇〇〇。ヒトの半分程度である。他に遺伝子の数を較べてみると、長さ一ミリほどの線虫で約一万四〇〇〇。酵母でさえ約六〇〇〇の遺伝子をコードしている。植物のシロイヌナズナでは遺伝子数二万六〇〇〇と、私たちヒトとあまり違わない。ハエや小さなシロイヌナズナの花と較べても、持っている遺伝子の数に大差がないと聞いて落胆するだろうか。

このことは、生命を維持していくためには、必須のタンパク質が多くあり、その生命活動自体は、ハエでも植物でも酵母でもほとんど変わらないということなのである。まして、同じ哺乳類同士となればもっと近く、サルとヒトのあいだでは、実際にタンパク質の種類だけでなく、個々のタンパク質のアミノ酸配列、つまり性質もほとんど変わりがない。

このＤＮＡから、いかにしてタンパク質が作られていくか。その複雑にして精妙なシステムを、次章でみていくことにしよう。

第二章　誕　生――遺伝暗号を読み解く

二重らせんモデルの衝撃

ダーウィンの進化論、アインシュタインの特殊相対性理論などに匹敵するほどの重要な発見は、生命科学においては、DNAの二重らせん構造の発見を措いてはないだろう。ジェームズ・ワトソン(James Watson)とフランシス・クリック(Francis Crick)、彼ら二人は一九五三年、二重らせんを描くDNAのとても美しいモデルを発表した(図2-1)。『ネイチャー』にわずか二ページの論文として掲載されたこの発見によって、彼らは一九六二年ノーベル生理学・医学賞を受賞。発表当時ワトソンはまだ博士号をとったばかりの二〇代の若者であった。

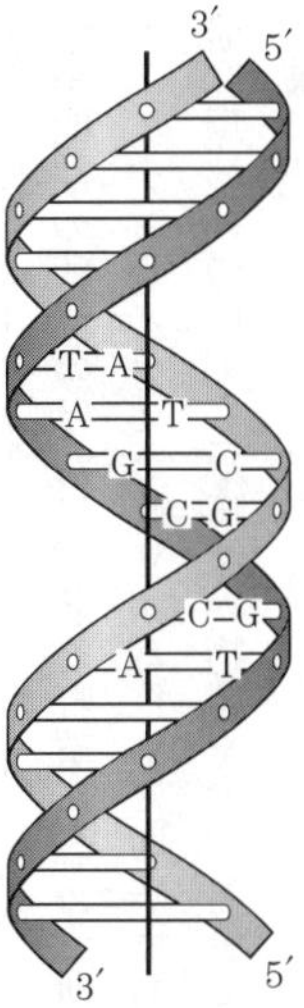

図2-1 DNAの二重らせんモデル

　二〇世紀最大の発見とも言われる二重らせんの発見物語は、ワトソン自身の著書『二重らせん』に詳しいが、どのような経緯でその発見がなされたかという、分子生物学黎明期の状況のほかに、若く野望に燃える研究者たちが、熾烈な競争の中でいかにみずからのアイデンティティを確立するために切磋琢磨しているかという、今も昔も変わることのない研究環境についても示唆深い物語を含む名著である。

彼は現在(二〇〇八年)もコールドスプリングハーバー研究所に名誉所長として在籍しているが、この世界的に有名な研究所では毎年多くのシンポジウムが開かれる。そのシンポジウムの最後にはオーディトリアムで小さな音楽会が催され、そこには村の人たちとともにワトソン博士が最前列で耳を傾けている姿を今でも見ることができる。

この発見の何がそんなに大事だったかと言えば、まず、メンデルの法則によってあらわされる「遺伝」という概念を、見事に分子のレベルで証明したことだった。メンデルは遺伝形質という概念を導入して親から子へ形質が伝わる、いわゆる遺伝の法則を見出したが、形質が遺伝するということを実体として示すことになったのが、ワトソン‐クリックによるDNA二重らせんモデルの発見だったのである。

さらに重要なことは、タンパク質はすべてこの遺伝子の情報を元に作られるということが明らかになったことである。遺伝子DNAからタンパク質へという一連の過程が解明されたことにより、遺伝子を操作することでタンパク質も操作できる、つまりいろいろなタンパク質を作

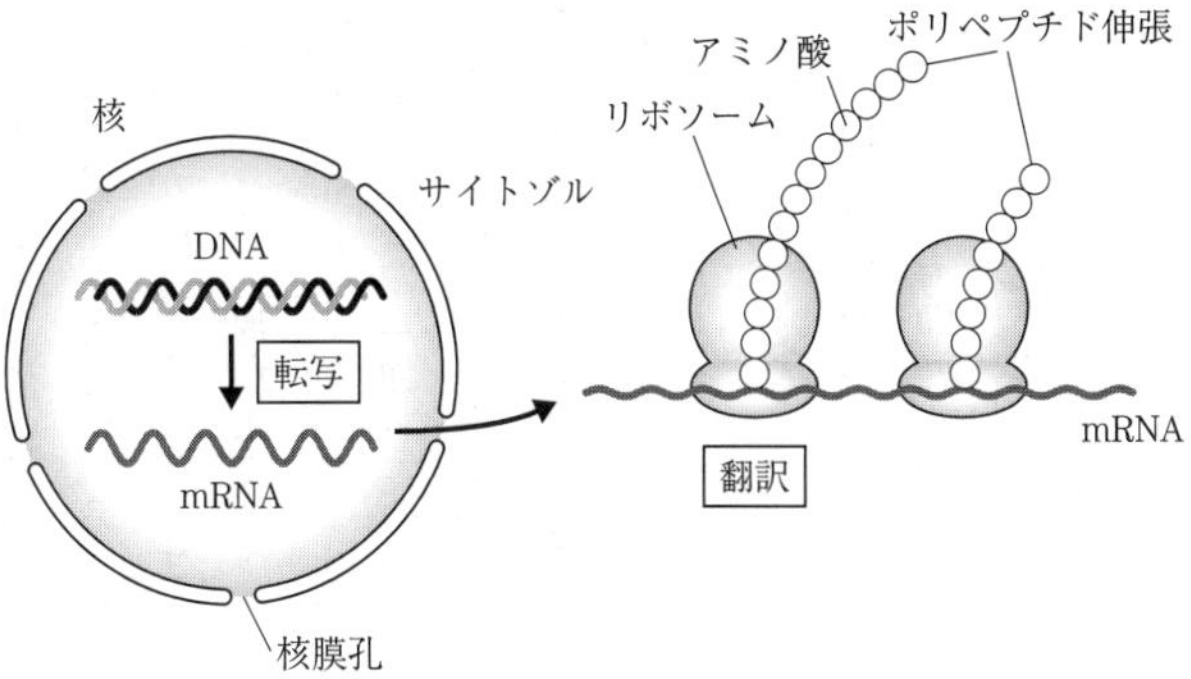

図2-2　タンパク質生合成のプロセス

ることができるようになった。タンパク質工学や分子生物学は、この発見をもってまさに花開いたと言える。現代の生命科学と言われる分野のすべての始まりと言っても過言ではない。生命の発生も維持も、すべてこの二重らせん構造にその基盤があることが明らかになってきたのである。

ＤＮＡの暗号から

すべてのタンパク質は、ＤＮＡの持つ遺伝情報を元に作られる。その過程は何段階にもわたる複雑な、精巧に作られたシステムだが、大きく分けると、ふたつのプロセスが介在する(図2-2)。

まずひとつは、ＤＮＡが持つ情報を、運び屋であるｍＲＮＡ(メッセンジャーＲＮＡ)に写し取る作業。これはマスターテープから別のカセットテープにダビングするようなもので、「転写」と呼ばれる。もうひとつが、ｍＲ

NA上に並んでいる情報を読み取って、その情報にしたがってアミノ酸をひとつひとつ並べていく「翻訳」と呼ばれるプロセスである。DNAの情報は、たった四種類の「塩基」と呼ばれる物質が暗号のようにさまざまに並ぶことによってできているが、この塩基の配列は、すべてタンパク質の原料となるアミノ酸の並び方を規定する暗号になっており、それを読み取るのがこの「翻訳」というプロセスである。

そしてこの「翻訳」の過程を経てアミノ酸が一列に並び、互いにつなぎ合わされて、ポリペプチドと呼ばれる鎖状のものとなる。このポリペプチド自体は一本のヒモのようなものであって機能を持たないが、それがフォールディングと呼ばれる折り畳みのプロセスを経て、三次元の構造をとることによって、はじめて機能を持ったタンパク質が形成されるのである。

セントラルドグマ

この過程において重要なことは、遺伝情報は、DNAからRNAへ、そしてポリペプチドへという、一方向にしか流れないということで、これは「セントラルドグマ」と呼ばれる(図2-3)。DNAには四つの塩基、つまり四つの文字によって書かれた情報がしまわれており、それを複写(転写)したmRNAにも、その情報はそのまま写し取られている。その情報に従ってアミノ酸を並べたものがポリペプチド、そしてそれを折り畳んだものがタンパク質である。

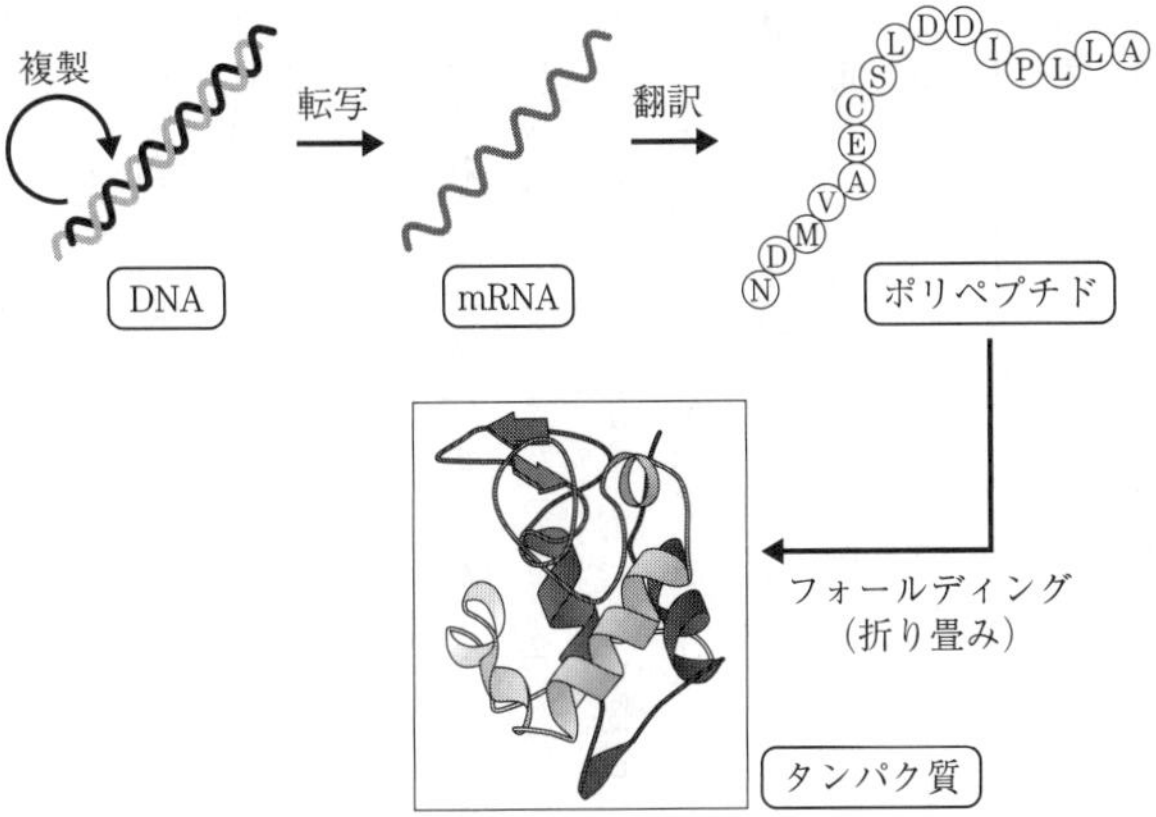

図2-3　セントラルドグマ

タンパク質にもアミノ酸の一定の配列という情報はしっかり保持されている。しかし、タンパク質から情報を読み取って、遺伝子であるＤＮＡを作り出すことができるかというと、細胞の中ではそれは決して起こらない。ＤＮＡの塩基配列がタンパク質のアミノ酸配列を指定できるのだとしたら、その暗号を逆にたどりタンパク質のアミノ酸配列を読み取って、ＤＮＡの塩基配列へと情報を伝達することもできそうに思われるが、現存の生物では、生成されたタンパク質の情報を逆にさかのぼってＲＮＡやＤＮＡを作ることは決してない。これがセントラルドグマと呼ばれるものである。

このドグマ(仮説)にも例外は存在する。タンパク質から出発することはできないが、特定のがんウイルスや、エイズウイルスなど、ある種のＲＮＡウイルスでは、遺伝子の情報はＲＮＡに蓄えられている。そのようなウイルスでは、自分が持っている遺伝情報をいったんDNAへと移し替え、そのDNAからもう一度RNAに転写してタンパク質を作るという、一見面倒な仕組みを持っている。RNAの情報が、セントラルドグマの流れをさかのぼってDNAへと書き換えられるという意味では、これはセントラルドグマの破綻であるが、このような一部の例外を除いて、セントラルドグマは、情報の流れを規定する大切な発見であった。

すぐれた情報保存システム

DNAは、アデニン(A)、グアニン(G)、シトシン(C)、チミン(T)という四種類の要素(塩基)を含む、ヌクレオチドという物質が単位となって、それらがつながった構造を持っている。この塩基同士は必ずペアを作り、塩基が互いに向かい合うような形で、DNAの二本の鎖が二重らせんを形成する(図2-1参照)。

重要なことは、この向かい合う塩基の組み合わせが一対一に決まっていることである。アデニンはチミンと、グアニンはシトシンとしか対を作らない。可能な組み合わせはこれだけで、グアニンがチミンと、アデニンがシトシンと対を作ることは決してない。つまり、一方の鎖で、一個の塩基が決まれば、もう一方の鎖でそれと対になる塩基は自動的に決まり、結果的に二本の鎖は同じ情報を反対向きに蓄えるということになる。このように、塩基配列がちょうど反対向き、相補的になっている二本のDNA鎖を相補鎖と呼ぶ。なぜ二重らせんを作ることが必要なのか。それは情報を二重に保持しておくという戦略でもある。たとえ一方の情報装置に何らかの異常が起こっても、それをもう一方の情報を参照しながら正しい情報に修復し、親から子へ正確に情報を受けわたしていくことが可能になるからである。

私たちは日常的に紫外線や放射線などのさまざまなストレスを受けている。それによってっとも変異を起こしやすいのがDNAであり、DNA上の変異は、実は頻繁に起こっている。たとえば紫外線を受けて、シトシンと対をなしていたグアニンがアデニンに変わってしまったとしよう。このときもし鎖が一本であれば、何らかの変異が生じたことを察知したとしても、どこに変異が起こったのかが分からず、修復のしようがない。しかし鎖が二本あれば、対応する鎖を参照しながら、変異が起こった塩基をまず取り除いたところで、そこにくるべき正しい塩基を挿入することができる(DNAの除去修復と言う)。相補鎖のその場所にシトシンがあれば、変異の入った塩基はグアニンであったはずである。細胞の中では、こうしたDNAの変異を自動的に除去・修復する機構が常に働いている。

色素性乾皮症と呼ばれる病気がある。この病気の患者さんでは、DNA上に生じた変異を修復する酵素を遺伝的に欠いており、紫外線などで生じた変異を修復できないので、陽に焼けただけで皮膚に重篤な障害が起こってしまうことになる。紅斑や水泡が発生し、火傷のようになって、しかも皮膚がんになりやすい。

DNAの複製

DNAが二重らせん構造を持っているのは、もちろん修復のためだけではない。もっとも大切な意味は、この二重らせん構造を利用して、自分自身を複製できることである。

細胞が分裂するときには、ヒトでもバクテリアでもまったく同様に、同じ情報を持ったDNAの複製が作られる。そのため、まず二重らせんがほどかれ、鎖が二本に分かれる。一本の鎖を鋳型とし、鋳型の塩基の並びに沿って、グアニンならシトシン、アデニンならチミンという具合に、それぞれの塩基と対になる塩基が順番につながることにより、元々対を作っていたのとまったく同じ相補的なDNAの二重らせんを作ることができる。このようなDNAの複製を通じて、核の中の遺伝情報を誤りなく娘《じょう》細胞(生物学では、不思議なことに、子どもの細胞はなぜか娘なのである)に伝えていくのである。

DNAの糸を巻きとる

実際には複製の過程はきわめて複雑ないくつものステップからなっているが、まず染色体として折り畳まれている遺伝子を二重らせんにまでほどくという作業自体が大変な作業である。

何しろ、一ミリの一〇〇分の一しかない細胞の中の、さらに小さな核の中に全長約一・八メートルのＤＮＡが仕舞い込まれているのである。くしゃくしゃに押し込んだのでは収まらないだろうし、取り出そうとしても、もつれてしまってほどけないことは容易に想像できるだろう。そんなことにならないよう、実にうまい仕組みが考えられている。それがタンパク質を利用した糸巻き構造である(図2-4)。

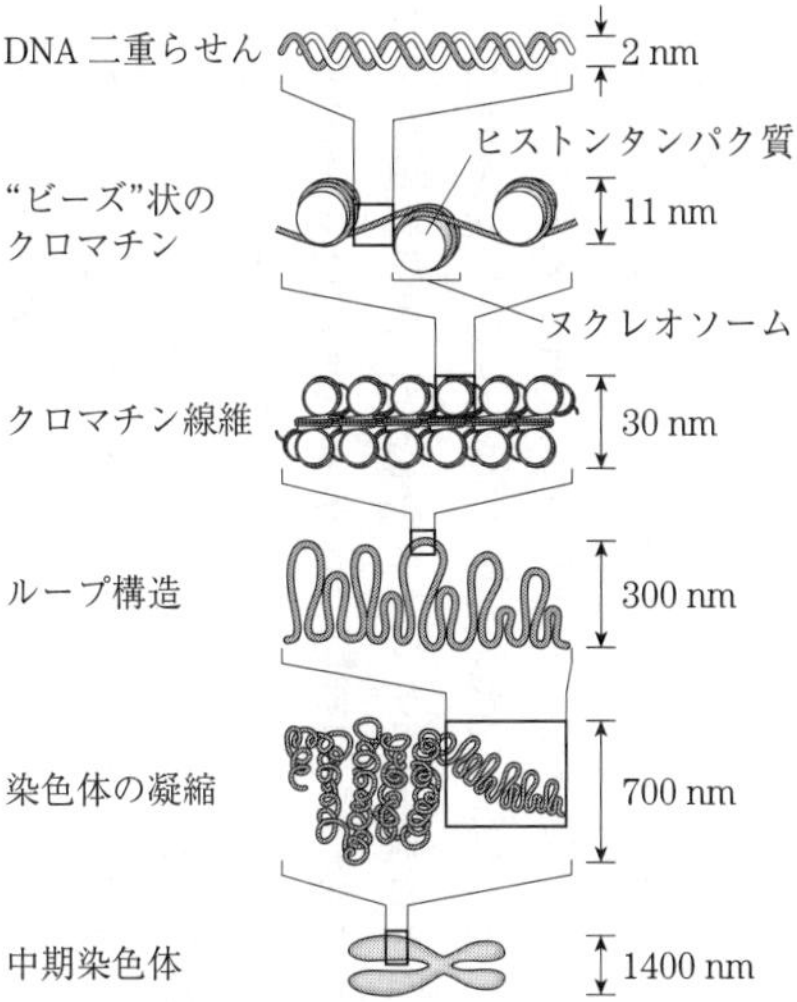

図2-4　クロマチンによる凝縮

ＤＮＡの二重らせんの幅は、およそ二ナノメートルといわれる(一ナノメートルは、一ミリの一〇〇万分の一)。この二重らせんの細い糸を、第一段階として、ヒストンという円柱状のタンパク質にまず三回ほど巻きつけ、次に別のヒストンに三回、また次に三回……と、順に巻きつけていく。このヒストンとＤＮＡの複合体を「クロマチン」と呼ぶ。次にこのクロマチンがさらにグルグルとらせん状に規則正しく折り畳まれて、「クロマチン線維」と呼ばれる状態になる。これで大分長さが縮まるが、それでもまだ収まらず、さらに足場となるタンパク質に巻きついて染色体のもとの状態となり、それをまた巻き直すことで凝縮され、ようやく染色体として核の中に収められる(図1-8も参照)。この幅は、おそらくもとの二重らせんの七〇〇倍、一四〇〇ナノメートルくらいになっている。分裂期の細胞を壊して、ある染色をほどこしてやると、顕微鏡下に染色体を見ることができるが、それは実はこのようにDNA鎖が幾重にも巻かれ、折り畳まれたものを見ているのである。

情報を読み出すときにはこの経路を逆方向にたどって、糸巻きが外されていく。複製されるとすぐに複製のすんだところから巻き取られ、もつれないような仕組みになっているらしい。こうして、細胞分裂の時にはすべてのDNAが複製され、二本のまったく同じ染色体ができてくることになる。ヒトではこの染色体が二三対(二二対の常染色体と一対の性染色体)ある。これら四六本のすべてでDNA複製が起こり、それぞれ二倍になった染色体が、娘細胞に伝えられるのである。私たちの身体の中でおこなわれる細胞分裂では、その一回一回にこれらの過程が繰り返される。耳を澄ませば、DNAの糸巻きがぶんぶんまわっている音が聞こえてくるような気がしないだろうか。

このようにDNAが自己の情報を保持し、再生産していく機能を、「自己複製能」と呼ぶ。この保持機能があるからこそ、親の形質がそこなわれることなく子へと伝えられるのである。

RNAの働き

DNAと同様に、四種類の塩基が一列に並ぶことによって構成され、情報の伝達を担うのがRNAである。RNAを構成する塩基はDNAと同じくアデニン、グアニン、シトシン、そしてもう一種類はDNAのチミンにかわってウラシル(U)とよばれるが、このウラシルはアデニンと対を作るので、塩基同士が対を形成して自己複製をおこなうことはDNAと変わらない。ただひとつ大きく違うのは、RNAは二重鎖ではなく、一本の鎖だということである。

進化の前段階において、DNAが発達する以前は、おそらくRNAが遺伝情報を担っていたと考えられている。現在でも、たとえばエイズウイルスやヒトや鳥のインフルエンザウイルスなどはRNAを遺伝情報の記憶装置としているが、その特徴は遺伝情報に頻繁に変異が生じ、それを元に作られるタンパク質もしょっちゅう変化するということである。一本の鎖であるRNAは、何かひとつの塩基に変異が生じたら、参照すべき相補鎖が存在しないので、もはやそれを修復することができず、まったく違った遺伝子になってしまうからだ。

エイズウイルスやインフルエンザウイルスのやっかいな点はまさにそこにある。エイズという病気は突然出現したもののように思われているが、おそらくエイズウイルス自体は昔からあったもので、遺伝子の変異によって、ある時突然病原性を持ったエイズウイルスが生じたのだろう。そしてこのエイズウイルスが作り出すタンパク質はすぐに変化するため、治療のための抗体を開発してもすぐに効かなくなってしまう。ウイルスに起因する病気は、どれもまだ決定的な治療法がないが、特にエイズやインフルエンザといった疾患の治療あるいは根治が難しいのは、RNAを遺伝情報の記憶装置とする構造に由来しているからだと言えるかもしれない。

つまり、情報の保存装置としてはRNAはきわめて不十分なものだった。そこで、一本を鋳型にしてもう一本を修復するという、「保存」に最適の機構を備えたDNAが、遺伝情報の保存蓄積に特化したものとして発達したと考えられる。

RNAワールド

セントラルドグマのところで見たように、ごく単純に言えば、私たちヒトの生命維持の根幹には、三つの要素が登場する。まずひとつ、情報を保存する〈DNA〉。次に、その情報を転写し、伝達・翻訳に働く〈RNA〉。そしてその情報を元に生成され、構造を持つことによって「機能」を果たす、すなわち「触媒能」を持つ〈タンパク質〉である。DNAの情報を基盤にして三要素が役割を分担している現在の生物の世界を、DNAワールドと呼ぶことがある。この世界ではDNAとタンパク質の役割が重なり合うことはない。二重らせん構造を持つDNAは単に情報を保存するだけで、触媒能を発揮することはない。同様に、タンパク質は自己複製能を持たず、そこから遺伝情報を復元することはできない。

ところがRNAは、対となる塩基を持たない一本の鎖であるため、長くなると折れ曲がって、はるか離れたRNAの一部分の塩基と、DNA二重らせんで見たように対を作り、安定化して、未熟ながらもある種の構造を作ることがある。構造を持つということは、分子表面に凹凸ができるということである。それら分子表面の凹凸によって他の分子との相互作用ができるようになると、それはその分子がある種の機能を持ちうるということを示唆している。このような仕組みによってRNAは、自己複製能のみならず、ある種の機能を持つことが可能なのである。

このことから、おそらく原始の時代においてはRNAが「情報の保存」と「機能」の両方を担っていたのだろうと考えられている。そういう時代を仮想的に「RNAワールド」と呼ぶ。しかしRNAには、情報の保存という観点からは、変異が修復されることなくそのまま次世代に伝わってしまうという欠点があり、機能という面からは、RNAが作りうる構造はタンパク質が作りうる構造に比べてきわめて未熟で、それゆえきわめて限定された機能しか持ちえないという欠点がある。RNAだけで情報の保存と機能の両方を担うのでは、不完全な生命活動しか果たせないことは容易に想像できる。そこで、RNAが持っていた情報保存の役割を、より信頼性の高いDNAが担うことになり、触媒能をより機能的なタンパク質に担わせるという、役割分担が進化していったものと考えられる。

実は私たちの細胞には今でも、触媒能を持ったRNAが存在している。後述するように、タンパク質合成には「メッセンジャーRNA(伝令RNA、mRNA)」「トランスファーRNA(転移RNA、tRNA)」「リボソームRNA(rRNA)」という三種類のRNAが必要とされるが、このrRNAは触媒能を持っており、RNAワールドの名残を今にとどめている。その他にも、リボザイムと呼ばれる、酵素に匹敵する機能を持ったRNAが存在することも明らかになり、これらはいずれもRNAワールドがかつて存在したという考えを支持している。

転写のプロセス

DNAを鋳型にしてRNAに写し取るプロセスが「転写」である。まずDNA二重らせんがヌクレオソームの糸巻き構造(図2-4参照)からほどかれ、さらにG—C、A—Tという塩基対がいったん切り離されて、二本の鎖となる。その一本の鎖に、この塩基と対になるべき相補的な塩基がやってきて、それが順に結合し、DNAと相補的な関係にあるmRNAが作られていく(図2-5)。

mRNAに転写された情報は、核膜孔を通ってサイトゾルに輸送され、タンパク質合成のハイライト、塩基配列という情報をアミノ酸配列という情報に「翻訳」するプロセスに入る。リボソームというタンパク質製造工場がその舞台である。サイトゾルや核、あるいはミトコンドリアなどで働くタンパク質の場合はサイトゾル中のリボソームによって合成され、細胞の外へ分泌されるタンパク質や膜で働くタンパク質の場合は、小胞体に結合したリボソームによって合成されることになる。

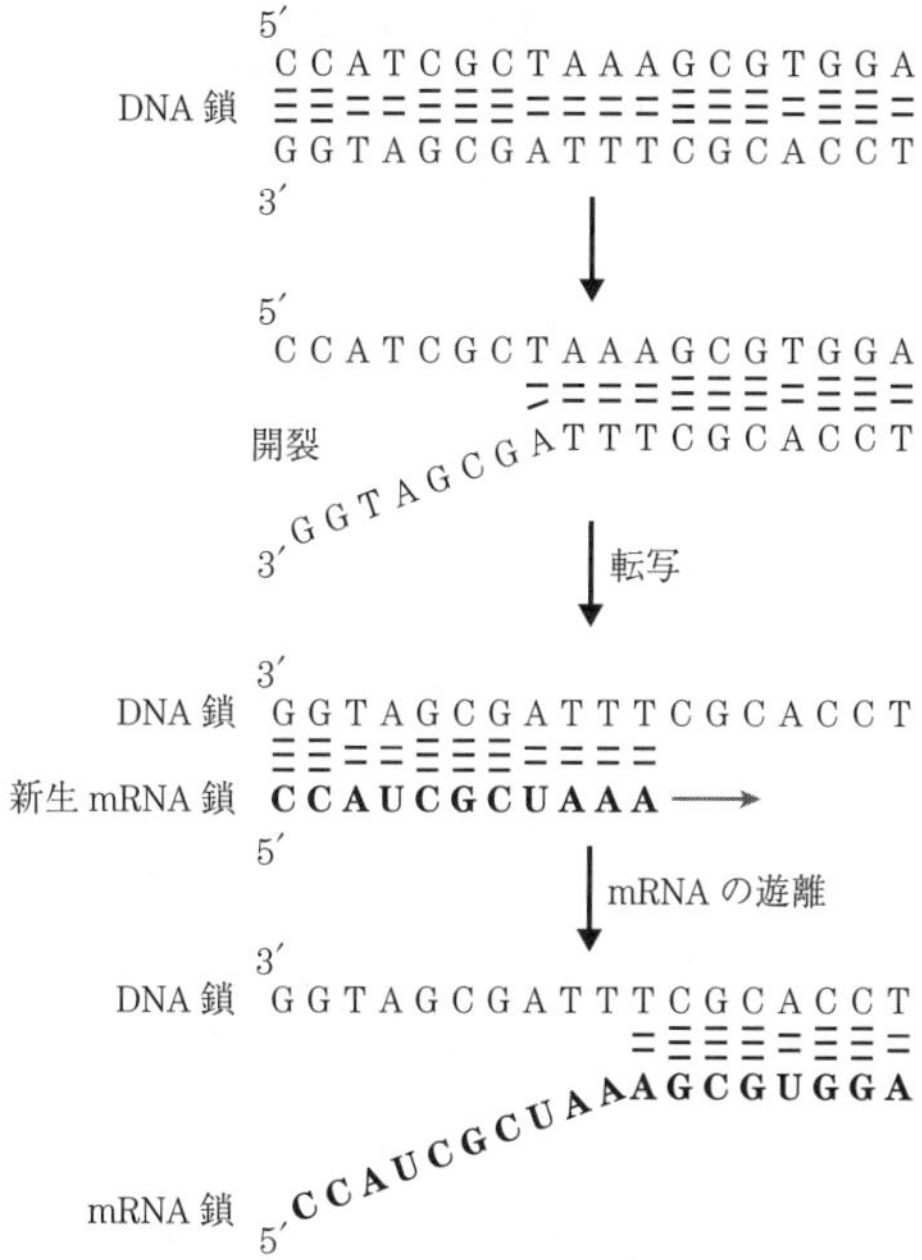

図 2-5 DNA から RNA への転写の過程．DNA，RNA には方向性があり，両末端はそれぞれ 5′末端，3′末端と呼ばれる．DNA の複製や RNA の転写は 5′末端から 3′末端方向へ進む．

情報の翻訳単位、コドン

mRNAが持っている情報は、AUGCという四つの塩基の配列によって構成される。ところがタンパク質を構成しているアミノ酸は二〇種類あるから、アミノ酸を正確に作り出す情報として役に立つためには、塩基の種

表 2-1　遺伝暗号表

1文字目 (5′末端)	2文字目				3文字目 (3′末端)
	U	C	A	G	
U	Phe	Ser	Tyr	Cys	U
	Phe	Ser	Tyr	Cys	C
	Leu	Ser	終止	終止	A
	Leu	Ser	終止	Trp	G
C	Leu	Pro	His	Arg	U
	Leu	Pro	His	Arg	C
	Leu	Pro	Gln	Arg	A
	Leu	Pro	Gln	Arg	G
A	Ile	Thr	Asn	Ser	U
	Ile	Thr	Asn	Ser	C
	Ile	Thr	Lys	Arg	A
	Met 開始	Thr	Lys	Arg	G
G	Val	Ala	Asp	Gly	U
	Val	Ala	Asp	Gly	C
	Val	Ala	Glu	Gly	A
	Val	Ala	Glu	Gly	G

類とアミノ酸の種類が一対一に対応していては間に合わない。ひとつの塩基がひとつのアミノ酸を指定するのならば、四つのアミノ酸しか指定できないからである。ふたつの塩基を組み合わせてアミノ酸を決めるとしても、組み合わせは4×4＝16種類しかないので、これでもまだ足りない。三つの塩基をひとつの情報として読めば、理論上は4×4×4＝64、六四種類の情報を与えることが可能になる。そして地球上の生物はまさにこの理論予測どおりに三塩基を続けて読むことによって、アミノ酸の情報を得ていたのである。

この三つひと組の遺伝暗号（遺伝コード）をトリプレットコドン、あるいは単にコドンという。「UUU」や「GUA」など、それぞれのコードごとに、ひとつのアミノ酸が割り当てられており、これは地球上のすべての生物、植物もバクテリアもヒトも基本的に変わらない同じ暗号である（表2-1）。どのようにして、その暗号は解読されたのか。

最初の暗号を解読したのは、Ｍ・Ｗ・ニーレンバーグ(M. W. Nirenberg)というアメリカの生化学者であった。すべてウラシル(U)ばかりのＲＮＡを合成し、大腸菌の抽出液中に入れてみたところ、その大腸菌はフェニルアラニン(Phe)がつながったポリペプチドを作り出した。この実験から、ＵＵＵというコドンがフェニルアラニンの遺伝暗号になっていることがわかったのである。

こうして、単純な「ＵＵＵ」や「ＡＡＡ」から始まって、色々な組み合わせが試され、一九六〇年代、世界中で遺伝暗号解読競争が起こったのちに、すべての暗号が解読された。表2-1から分かるように、六四種類の暗号で二〇種類のアミノ酸を指定するので、当然同じアミノ酸を別の情報が指定するということも起こっている。たとえば「ＵＵＵ」だけでなく、「ＵＵＣ」もフェニルアラニンを指定するし、ロイシン(Leu)というアミノ酸の場合はもっと多く、六種類の暗号がどれも同じくロイシンを指定している。縮重《しゅくじゅう》と呼ばれる現象である。

暗号の始点と終点

ＤＮＡは延々と塩基がつながった暗号のテープである。暗号解読のためには、解読をどこから始めてどこで終えるかという情報が必須である。この翻訳開始の情報も、翻訳終止の情報も、実はこの六四種類のコドンの中に含まれている。終止のシグナルはＵＡＡ、ＵＡＧ、ＵＧＡで、この三つのどれかのコドンに出くわしたら、そこで翻訳はやめなさいという暗号である。これらを「ストップコドン(終止コドン)」という。

では開始シグナルはどれか。それはメチオニン(Met)を指定するAUGというコドンがその役割を担っている。メチオニンを指定するコドンはAUGしかない。これが開始シグナル、すなわち開始コドンとなっているので、すべてのタンパク質は、最初に作られる時はメチオニンから始まる(このメチオニンは合成が終わった後で切り離されるので、すべてのタンパク質がメチオニンを頭に持っているということにはならない)。

以上のように、六四種類の暗号が、開始コドン・終止コドンと二〇種類のアミノ酸とをそれぞれ指定するように振り分けられている。これが遺伝暗号と呼ばれるもので、この暗号表によって、mRNAの塩基情報からアミノ酸配列への「翻訳」が成立するのである。

翻訳機械リボソーム

さて、この翻訳作業を実際におこなう翻訳機械が、小胞体の表面やサイトゾルに存在するリボソームである。リボソームはmRNAの塩基配列を三つずつ読み取って、それに対応するアミノ酸をひとつひとつつなげてゆく。こうしてアミノ酸が一列にペプチド結合によってつながったものが、ポリペプチドである。

リボソームは大小ふたつのサブユニットからできている。大きい方には、RNAが三本とタンパク質が五〇種類、小さい方にはRNAが一本とタンパク質が三三種類集まった、とても複雑で大きな塊である。このふたつのサブユニットが会合し、お団子のような形をしたリボソームを作っている。このリボソームで展開されるポリペプチドの合成プロセスは何段階ものステップを含むきわめて複雑なものだが、ここではできるだけ分かりやすく単純化して、その経緯をみていくことにしよう（図2-6）。

転移RNA（tRNA）

リボソームの小さい方のサブユニットにはトンネルがあり、この中をmRNAが通り抜けていく、逆に言えばmRNAをレールとして、リボソームがその上を走り抜けていく。mRNA上を走りながら、そこに書き込まれたコドンを読み取っていくわけである。塩基配列をアミノ酸に対応させるためには、両方をつなぐなんらかの因子が必要になるだろう。それがトランスファーRNA（tRNA）、あるいは転移RNAと呼ばれるRNAである。tRNAの一部にはアンチコドンと呼ばれる三塩基からなる配列があり、それはmRNA上のコドンと一対一で対応する。mRNAにGCAというコドンがあれば、それに対応するCGUというアンチコドンを持ったtRNAが来て、コドンとアンチコドンが相補的な対合をする。tRNAはそれぞれのアンチコドンに対応するアミノ酸を結合しており、アミノ酸を担いだまま、リボソームに入り、この場合ならアルギニン（Arg）というアミノ酸をすぐ前のアミノ酸に結合させる。このようにしてmRNA上の塩基配列をアミノ酸配列に「翻訳」するが、両者の仲立ちをするのがtRNAという分子なのである。

こうしてリボソームの中で、次々にアミノ酸がつなぎ合わされてゆく。アミノ酸同士は、ペプチド結合という結合様式によってつながれる（図1-1参照）。ペプチド結合によって、順々につながれているアミノ酸のヒモを、ポリペプチドと呼ぶ。リボソームはしばしば、一本のテープを読み取って、それを音声に再生させるテープレコーダのヘッドに喩えられる。

どれくらい時間がかかるか

この過程にどのくらいの時間がかかるのか、正確なところは分からない。しかし恐ろしいほどのスピードであることは確かである。ひとつのtRNAがmRNAに相補的に対合する過程も、ひとつひとつの対合が誤りなく進むのではなく、実際にはmRNAまでやってきたtRNAのアンチコドンがmRNAのコドンと正しく相補鎖を形成できなければ、別のtRNAがやってくるといった試行錯誤がめまぐるしく起こっていると考えられる。

まだ十分な解析はなされていないが、大腸菌などによる実験を参考にすれば、タンパク質をひとつ合成するのにかかる時間はおそらく十数分のオーダーであろう。動物細胞に、一五分程度の限られた時間のみ放射性同位元素を取り込ませ、そのあいだの反応を確認する実験をおこなってみると、それぐらいの短時間で十分にタンパク質を作っていることが分かる。大腸菌では、一秒間に四五ペプチドの合成能力、つまり四五個のアミノ酸をつないでいく能力があると

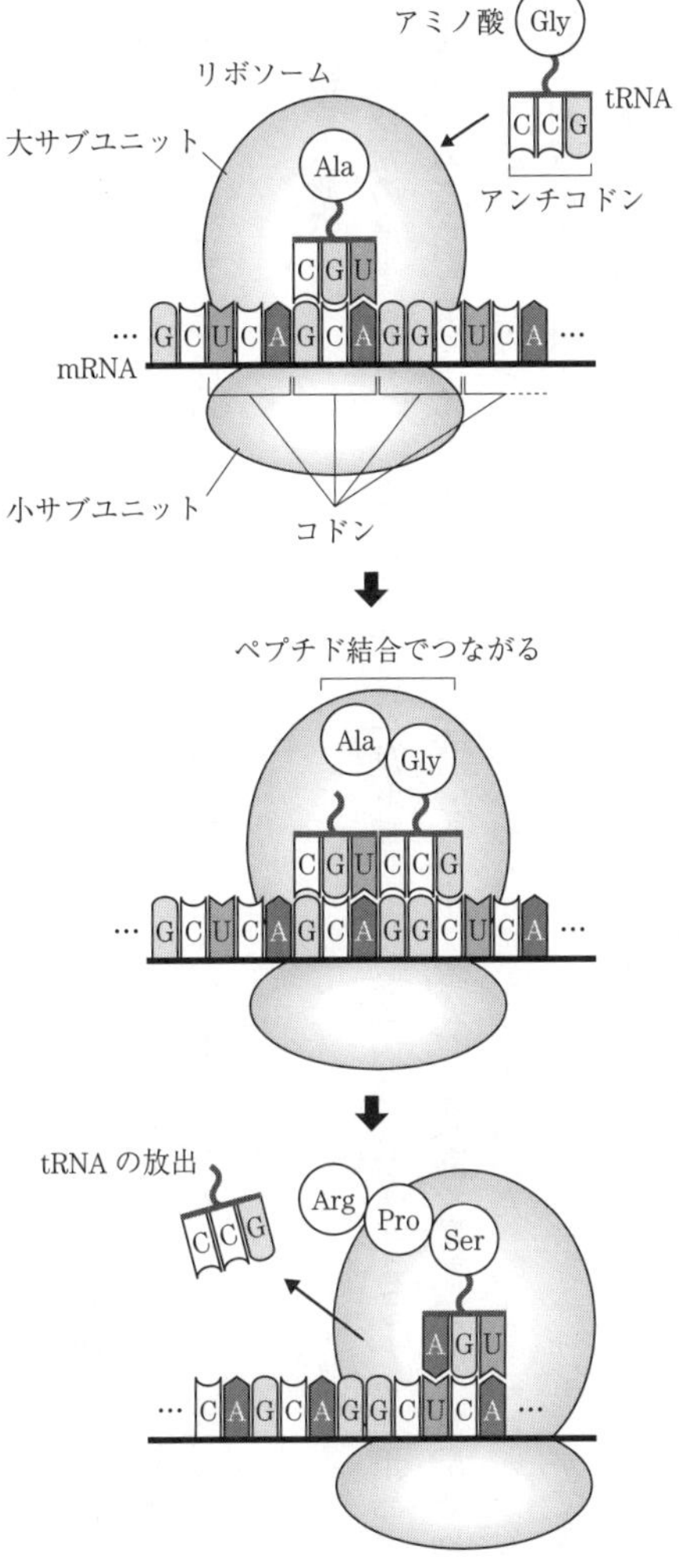

図 2-6　リボソームにおける翻訳の過程

も言われている。そんなプロセスを目まぐるしく繰り返しながら、三〇〇、五〇〇というアミノ酸がつながったタンパク質が作られていく。こうして細胞全体としては、一秒間に数万個ものタンパク質が作られているのである。それぞれに多くのステップを必要とする大変な作業が、気の遠くなるようなすばやさ、効率でおこなわれているかが、実感できるのではないだろうか。

試験管内翻訳装置

実験技術の進歩にしたがって、最近では転写も翻訳も試験管内(これを *in vitro*《イン・ビトロ》と専門用語では表現する)でおこなうことができるようになってきた。なかでも複雑な翻訳過程を試験管内で再現できるようになったのは私たちにとってはありがたいことであった。つまり細胞がなくとも、翻訳に必要な因子だけを試験管内で混ぜ合わせてやれば、結果的にポリペプチドができるのである。特に最近では、翻訳に必要なすべてのタンパク質因子を遺伝子工学の技術を使って人工的に合成し、それらとリボソーム、そしてタンパク質の情報源としてのＤＮＡを混ぜてやるだけで、ＤＮＡからｍＲＮＡへの転写、そしてｍＲＮＡからポリペプチドへの翻訳が一度におこなえるキットも売り出された。タンパク質を作り出すのに、動物細胞や大腸菌などのバクテリアの力を借りなくとも、すべて人工的な系でおこなうことさえできるようになってきた。神の手に一歩近づいたような気さえするほどである。

第三章　成　長——細胞内の名脇役、分子シャペロン

分子シャペロンの発見

ここまではタンパク質の誕生について述べてきた。正確には、タンパク質のもとになるポリペプチドの翻訳までを述べたわけである。これまでは比較的、どの細胞生物学の教科書にも載っている事項を、一般の方にも分かりやすく整理したわけだが、本書を書こうと思い立ったいちばんの動機は、実はこの章以降にある。

遺伝暗号が指定するのは、アミノ酸の情報、正確に言えばアミノ酸配列の情報だけであった。生物を形作っている二〇種のアミノ酸を、どれだけ、そしてどのような順序で並べれば、一個のタンパク質として機能を持ちうるものができるかを、情報として保存しているのがDNAである。DNAの情報をmRNAとして読み出し、tRNAとリボソームによって一個一個のアミノ酸との対応をつけて並べる。ざっと言えば、これがタンパク質合成の過程である。

さて、タンパク質はこれで完成かというと、コトはなかなかそう簡単ではない。以前はアミ

ノ酸の配列さえ決まれば、後はタンパク質が自発的に、あるいは自力で機能型に成熟すると考えられていた。つまり分子としてエネルギー的にもっとも安定な形をとるものと考えられてきたのである。しかし、この過程には、実はこれまで考えられなかった複雑なステップが存在し、そこに特殊な機能を持った「分子シャペロン」と呼ばれる一群のタンパク質が関与していることが明らかになってきた。分子シャペロンという呼び方はJ・エリス(J. Ellis)という研究者が導入したものだが、シャペロンはフランス語で介添え役の意味。「分子の介添え役」というわけである。シャペロンという言葉は、それ以前にもヌクレオソームの形成に関わるヌクレオプラスミンというタンパク質に対して用いられていたが、エリスによってはじめて、分子シャペロンという言葉が市民権を得たと言えよう。

この介添え役は実につつましく、他のタンパク質が一人前になるまで陰でかいがいしくその面倒を見るが、いったん一人前になったタンパク質のもとからはさりげなく去っていくという風で、これまでの研究ではなかなかおもてに現われてこなかった。皆がその存在に気づくことがなかったのである。しかし、名前というのは実に不思議なものである。いったん「シャペロン」という言葉でその機能が命名されてみると、一挙に研究が加速し、いたるところでシャペロンが活躍していることに気づきはじめた。シャペロンというこれまでは日の目を見なかった機能が、細胞の活動のあらゆる局面で重要な働きをしていることに気づきはじめたのである。

アクチンやコラーゲンのように細胞の構造の基本因子となったり、細胞分裂や発生・分化などにおける情報伝達を担ったり、あるいは酵素のように代謝に直接関係したりといった、細胞機能の直接の担い手として目に見える分子たちを主役とすれば、そのような華々しい主役たちが一人前に働けるようになるまで、その成長を介助してやるのが分子シャペロンの役割である。いわば脇役に徹しているのであり、かつて私はこのような健気なシャペロンを「細胞内の名脇役」と呼んだことがあった。

最近になって、分子シャペロンの機能が十分でなかったり、破綻したりすることによって、深刻な病気が生じてくることも明らかになり、生命活動の理解という基礎的な側面だけでなく、病気の原因や治療といった実際的な側面においても、分子シャペロンが大きな注目を集めるようになってきた。以下、本章では、この分子シャペロンが活躍して一人前のタンパク質が作られていく過程を見ていくことにしよう。

折り畳んで形を作る

折角アミノ酸をつないでポリペプチドを作り出しても、そのままでは単なるヒモでしかないので、細胞の中で構造を作ったり、酵素として触媒能を発揮したり、情報を伝達したり、細胞内の物質輸送を担当したりといった、タンパク質としてのさまざまの「機能」を持つことはできない。

　機能を持つためには、ポリペプチドが折り畳まれて、三次元の「構造」を作ることが必要である。それを「フォールディング（折り畳み）」という。

　ミクロの世界のことなので、少しイメージがわきにくいかもしれないが、たとえば一本の針金があるだけではそこには何の形も見えてこないけれども、それをつぎつぎに折り曲げていくと種々の形をとらせることができる。ポリペプチドも、折り畳まれることでさまざまな構造を作り、それに応じた機能を持つようになる。構造の多様性が、タンパク質の機能の多様性に対応しているのである。構造を獲得することで、分子の表面にさまざまの凹凸ができること、その凹凸を利用して、他のタンパク質や他の分子と特異的な相互作用をすることが、機能のもとなのである。タンパク質が機能を持つと言っても、ただ一個のタンパク質だけで機能を発揮できるわけではなく、他の分子との〈相互作用〉こそが機能にとってもっとも大切なポイントである。

四つのヒエラルキー

　タンパク質の構造には四つのヒエラルキー（階層性）がある（図3-1）。まずは、アミノ酸が一列に並んだだけのポリペプチド、これを一次構造という。一次構造は並んでいるアミノ酸の性

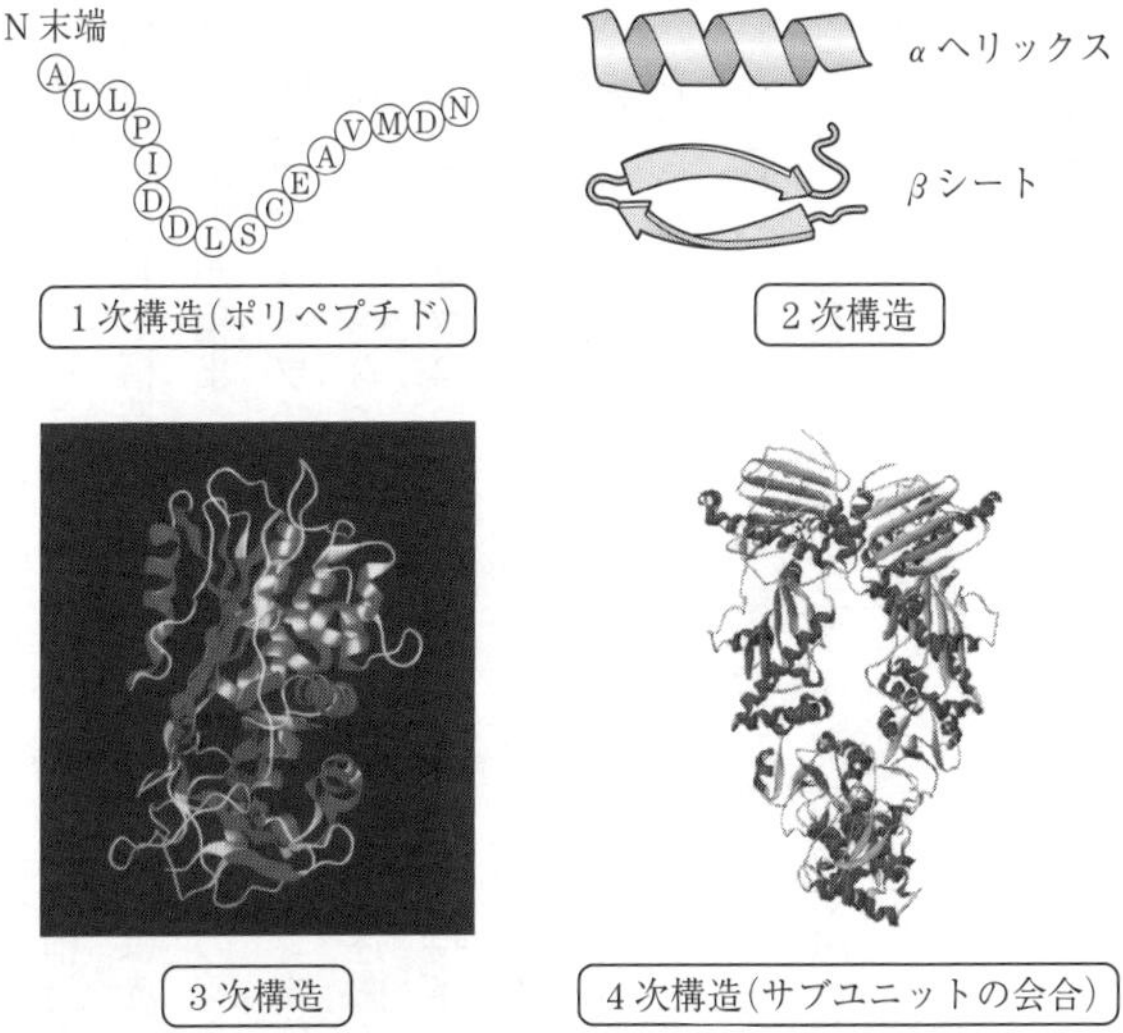

図3-1　タンパク質の4つの階層

質を反映して、自然にいくつかの二次構造を作る。二次構造の代表的なものには二種類あり、まずポリペプチドがらせん状になる場合、これをαヘリックス（らせん）という。ジグザグに折り返しながら平面的なシートを作る場合、これをβシート（構造）という。他にβターンやループと呼ばれるランダムなヒモ状の部分もある。

　個々の二次構造が組み合わされて空間的な三次構造を作る。ここまで構造が複雑になってくると、色々なところに凹凸ができていることが図からも容易に分かるだろう。分子表面の凹凸を介して他の分子と相互作用し、先に述べたように機能を獲得する。実際このような三次構造をとることによって一人前の機能を獲得するタンパク質は多い。

ある種のタンパク質は、いくつかの三次構造をサブユニットとして、それらが会合した四次構造と呼ばれる構造を作っている。たとえば赤血球の主成分であるヘモグロビンは、四本のポリペプチドが集まってできているが、二個のαサブユニットと二個のβサブユニットが集まって四本のポリペプチドからなるヘモグロビンを作っている。ヘモグロビンはヘムという物質を結合し、このヘムに酸素を結合させて酸素運搬をおこなっているが、ヘムはこのような四次構造からなるサブユニットの会合によって保持されている。

三次構造、四次構造といったタンパク質の構造を解析するには、いくつかの方法があるが、X線結晶構造解析はなかでももっとも有効な方法である。構造を決定したいタンパク質を混ざりもののない状態にまで精製し、純粋になったタンパク質分子を密に規則正しく並べることで、結晶を作ることができる。結晶にX線をあてると、さまざまな方向にX線の回折《かいせつ》パターンが得られることを利用して、分子の内部構造を原子レベルで決めるのである。これがX線結晶構造解析である。

親水性、疎水性

アミノ酸の基本的な構造については第一章で述べたが、念のためおさらいしておくと、二〇種類のアミノ酸はすべて、一個の炭素原子を中心に、アミノ基、カルボキシル基、水素原子は共通で、側鎖(R)といわれる部分がアミノ酸ごとに異なっている(図1-1参照)。側鎖の違いによってアミノ酸は個々の性質を持つようになる。

二〇種類のアミノ酸のそれぞれの性質については、あまりにも煩瑣なためここではふれないが、ひとつ覚えておいてほしい重要な点は、水になじみやすい親水性のアミノ酸と、水になじみにくい疎水性のアミノ酸の二種類があるということである。この親水性／疎水性という性質は、タンパク質の「形」が決定される際の重要な要素である。なぜなら、細胞の内部はほとんどと言ってよいほど水分で満たされているからである。そのような水性の環境で働くためにはタンパク質の表面は水にうまくなじんでいなければならない。

フォールディングの大原則

アミノ酸がさまざまな順序で一列につらなっているポリペプチドは、親水性のアミノ酸が密に存在している部分と疎水性のアミノ酸が集まって存在している部分が混在している。疎水性の水になじまない部分は、水に触れている状態では不安定なため、できるだけ水から遠ざかろうとする。水になじみにくい物質の代表は油であろうが、油はよくかき混ぜて水に溶かそうとしても、時間が経つとすぐに水から分離し、油滴を作る。油同士が相互作用して集まろうとするからである。

　同様に、疎水性アミノ酸同士は、疎水性相互作用によって互いに集まって水から遠ざかろうとする性質がある。疎水性のアミノ酸の集合部分(このように一定の性質の分子が集合している部分をクラスターと呼ぶ)同士がくっつきあえば、空間的にそれらが水に触れる部分は少なくなるだろう。サイトゾル中のタンパク質は、疎水性のアミノ酸クラスターをいかにうまくタンパク質の内側に折り畳んで、水に触れる部分を少なくしてやるかが、水環境の中で安定に存在する鍵になる(図3-2)。

　アミノ酸を巧妙に折り畳んでタンパク質の構造を作っていくプロセスは「折り畳み」あるいは「フォールディング」と呼ばれるが、そのいちばん大きな原理は、まんじゅうの皮の中にあんこをくるむように、水になじみにくい疎水性のアミノ酸クラスターを分子の内側に折り畳んでしまうことなのである。

　もちろんこれに当てはまらないフォールディングも存在する。たとえば細胞膜などの膜を貫通して存在する膜タンパク質の場合、膜の中は脂質からなる疎水的環境なので、この場合は、

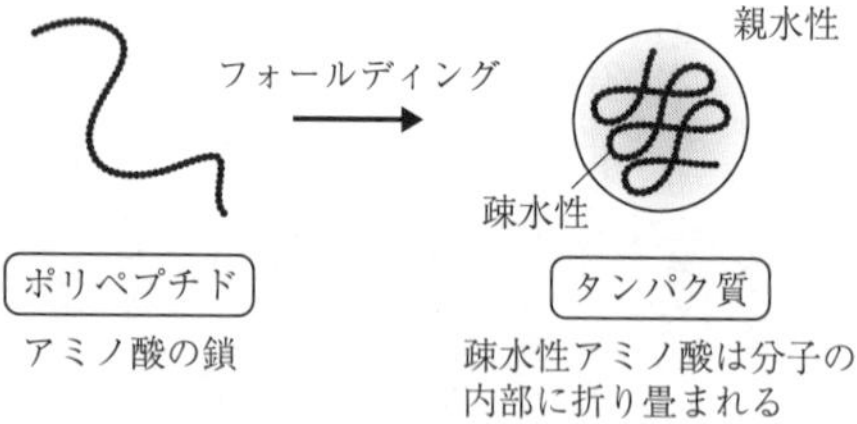

図3-2　疎水性部分を内側に折り畳む

サイトゾルの場合とは逆に、膜を貫通する部分だけは疎水性アミノ酸が外に出ているほうが安定する。膜タンパク質の膜貫通部位は、このようにして、疎水性アミノ酸が二〇〜三〇個連続し、それらが膜の内部でαヘリックスを作っている場合が多い。

もうひとつ、フォールディングに重要なアミノ酸の結合様式について述べておかなければならない。それはジスルフィド結合と呼ばれる結合であり、システインというアミノ酸同士のあいだに作られる。ポリペプチドは針金のようにいったん曲げてやればそのままの形を保っているというわけにはいかない。折り畳まれただけでは不安定ですぐほどけたり、変形してしまう。これを安定させるためには、ところどころクリップのようなものでしっかりとめてやることが必要である。このクリップの役割を果たすのがジスルフィド結合と呼ばれる強い結合であり、システインの持っている硫黄原子(S)同士が結合する共有結合である。S—S結合とも呼ばれる。

タンパク質の構造は、このジスルフィド結合と、疎水性アミノ酸同士が集合する性質による疎水性相互作用、アミノ酸の持つ水素原子(H)が近くに配置されると弱い相互作用が働いて結合力を得る水素結合、そしてアミノ酸側鎖の＋《プラス》と－《マイナス》の電気的な引力・斥力からなる静電的相互作用、主としてこの四つの力によって、三次構造・四次構造が安定化される。

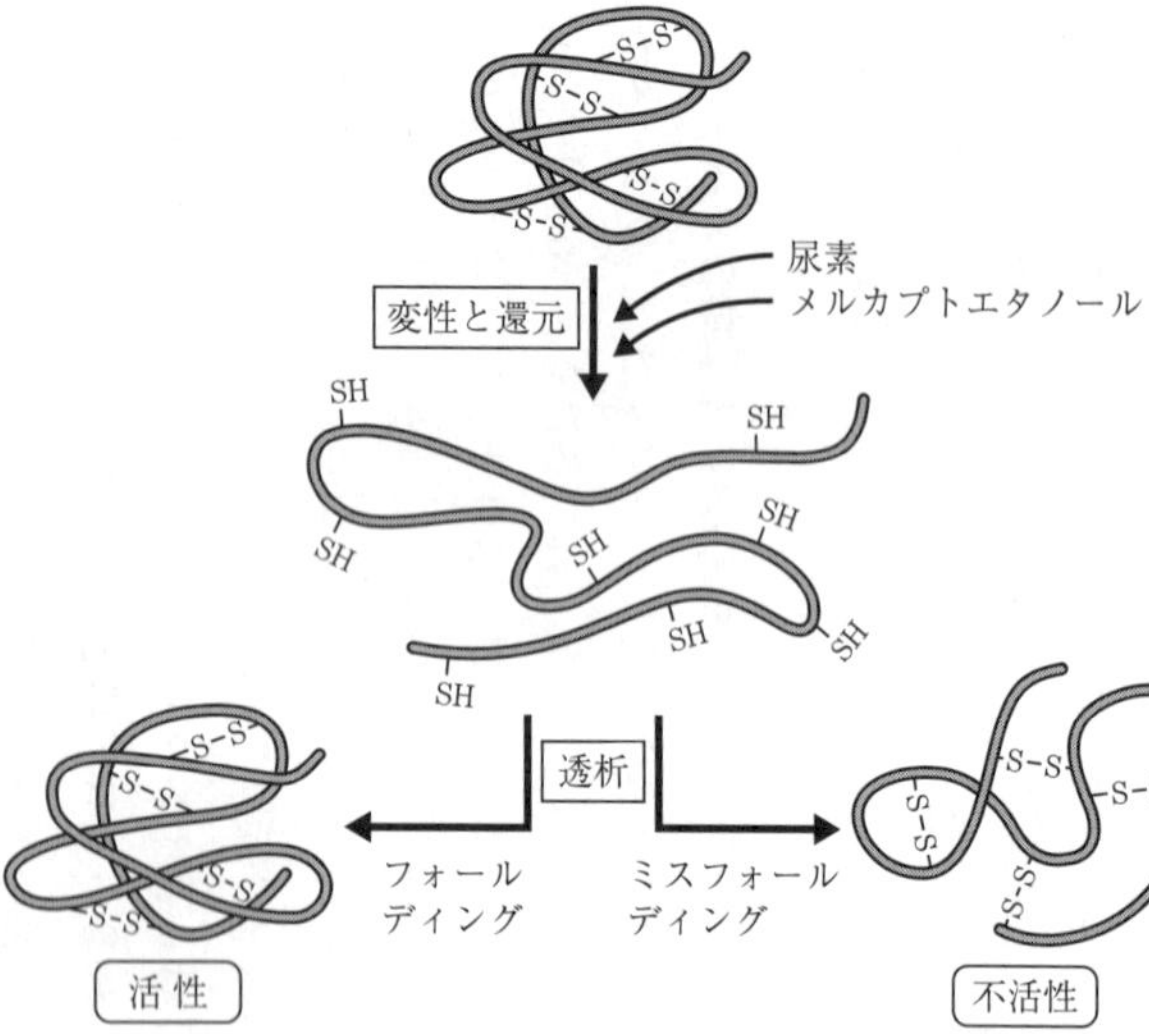

図3-3　アンフィンゼンの巻きもどし実験

アンフィンゼンのドグマ

本章の冒頭でも少し触れたように、タンパク質の最終的な構造は、アミノ酸の配列（一次構造）さえ決まれば自動的に決まるものとかつては考えられていた。エネルギー的にもっとも安定な構造へ自動的にフォールディングされるものと考えられていたのである。このことを実験的に明らかにしたのが、一九六〇年代初頭に、アメリカの生化学者C・B・アンフィンゼン（C. B. Anfinsen）がおこなった「巻きもどし実験」である（図3-3）。アンフィンゼンは、すでに正しくフォールディングしているタンパク質を、いったん元のポリペプチドにもどしたのちに、はたしてこのポリペプチドはもう一度正しい形にフォールディングできるかどうかを確かめる実験をおこなった。
リボヌクレアーゼAという酵素に、メルカプトエタノールという試薬を作用させてジスルフィド結合を切る(これを還元と言う)とともに、尿素で高次構造を壊し(これを変性と言う)、一本のポリペプチドにまで変性させる。この変性させたリボヌクレアーゼAの溶液を、まず「透析」(腎臓病の患者さんが受ける「人工透析」と基本的に同じ作業である)し、尿素とメルカプトエタノールをゆっくりと取り除いてやる。そうすると変性させたポリペプチドから、元と同じ酵素活性を持ったリボヌクレアーゼAができたのである。酵素活性を持つということは、正しくフォールディングがおこなわれたことを意味する。

ここからアンフィンゼンが導き出した結論は、タンパク質の高次構造は、アミノ酸の一次配列だけで自動的に決定されるというきわめて単純明快なものであった。ポリペプチドの一次構造が高次構造を規定する、これを「アンフィンゼンのドグマ」と呼ぶようになったが、彼はこの研究で一九七二年にノーベル化学賞を受賞している。

試験管の中、細胞の中

これは四〇年ほど前の実験であるが、このドグマは基本的に今でも正しい。しかしそれはきわめて限定された条件においてのみ正しいということがのちに証明されることになる。

ある一次構造を持ったポリペプチドは、最終的にはひとつの決まった安定な構造をとって、機能を持つようになる。しかしここでひとつ見落とされていたことは、フォールディングがおこなわれる環境の問題であった。試験管の中で比較的タンパク質濃度の低い状態で実験をおこなったときには、アンフィンゼンのドグマが成り立つが、細胞の内部のようにタンパク質の濃度がきわめて高い環境ではそれは必ずしも成り立たないことが、ここ二〇年くらいの多くの研究で次第に明らかになってきたのである。ひとつのタンパク質がフォールディングするときには、そのまわりのタンパク質と相互作用しやすい。

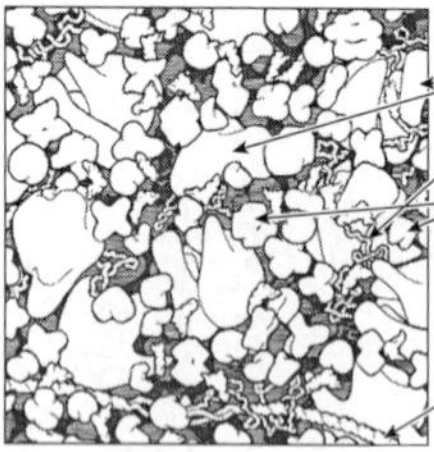

図3-4　大腸菌のサイトゾル

図3-4に示したのは、大腸菌の細胞内がどのくらい混み合っているかを実感してもらうための模式図である。大腸菌は大きさほぼ一ミクロン、動物細胞の二〇分の一程度だが、その細胞から、〇・一ミクロンを一辺とする立方体を切り出したとする。するとこの中にはおおよそ、リボソームが三〇個、tRNAが三四〇個、それにGroELと呼ばれる分子シャペロン(後述)が一一個、さらに他のタンパク質が五〇〇個以上含まれていると見積もられた。ほとんどすき間のないくらいにタンパク質がつまっており、そのあいだを水分子が埋めている。このよ

うな環境においては、ポリペプチドは何の助けもなく自動的に正しい構造へとフォールドするのはきわめて難しい。

タンパク質の凝集

その最大の理由は、サイトゾルの大部分が水であるということだ。先に述べたように、疎水性アミノ酸は水環境になじみにくく、疎水性相互作用によって互いに集合しやすい。リボソームの孔から出てきたポリペプチドは、この疎水性アミノ酸のクラスターが露出したまま、水環境の中に放り込まれるので、実に不安定である。

そこで「類を以て集まる」の譬えどおり、水になじみにくいもの同士が集まろうとする。一本のポリペプチドの別々の部分にある疎水性アミノ酸クラスター同士が疎水性相互作用で集まったり、すぐ横のリボソームで作られている別のポリペプチドの疎水性アミノ酸クラスターと結合したりすることもありうる。きわめて不安定なので、とりあえず疎水性アミノ酸を持っているものがすぐ横にくれば、相手かまわず安易にくっついてしまう。これではせっかく作られたポリペプチドも、結局はミスフォールディング(誤ったフォールディング)をしてしまうことになる。せっかくリボソームがポリペプチドを作っていっても、こんなことがつぎつぎと起こっていたのでは、正しい構造は作れない。

さらに悪いことに、ミスフォールドしたタンパク質は、疎水性のアミノ酸クラスターが外側に露出しやすい。露出した疎水性アミノ酸同士は、水から遠ざかろうと、別のミスフォールドしたタンパク質と分子間の集合を作ってしまう。これをタンパクの凝集という。凝集も疎水性アミノ酸同士の疎水性相互作用によることは言うまでもない。

人間社会においても、とくに青少年が非行に走りやすいのと同じように、まだしっかりした自己が確立していないような状態(つまりここでは構造が十分にできていない状態)では、悪の誘いに乗ってしまいやすい。近くに疎水性アミノ酸のクラスターが来ると、そっちにくっついていってしまうのである。まだ自己確立のできていないウブな子供は、できるだけ大人の目の届くところで、悪の誘いに乗らないよう見守ることはタンパク質の世界でも必要なことらしい。いったんミスフォールディング、変性という悪の道に足を踏み入れてしまうと、同じような仲間と一緒にいる方が居心地がいいものだから、なおさら凝集してしまいやすいのも困ったものである。

介添え役、分子シャペロン登場

タンパク質が正しく作られなければ、細胞は生命を維持していくことができない。さてどうするか。ここで登場するのが、分子シャペロンという一群のタンパク質なのである。

分子シャペロンはさまざまな働きを持つが、真っ先に挙げておかなければならない大切な働きは、疎水性のアミノ酸クラスターに選択的に結合して、マスクしてしまう働きである。たとえばＨＳＰ70と呼ばれる代表的な分子シャペロンがある。ＨＳＰとは熱ショックタンパク質(Heat Shock Protein)の略号であり、細胞が高い温度(四〇度以上)にさらされるなどのストレスを受けると誘導されてくるタンパク質である。それに分子の大きさ(分子量)を数字として加えて示すのが一般的である。ＨＳＰ70分子にはβシートからなる溝があり、この溝が疎水的であるので、ここに疎水性のアミノ酸からなるポリペプチドがはまり込む。するとポリペプチドの疎水性の部分は分子シャペロンの溝によってマスクされ、細胞内でも安定に存在できるようになる。

熱ショックタンパク質からストレスタンパク質へ

分子シャペロンの研究は、一九三〇年代のショウジョウバエの研究にさかのぼる。ショウジョウバエの幼虫に熱をかけると、特定の段階で発育が止まったり、成虫の羽が四枚羽になったりすることが観察された。これは遺伝的要因に拠らない変異であり、表型模写と呼ばれる現象である。ショウジョウバエの唾液腺などでは、細胞分裂を伴わずに、ＤＮＡ合成だけが反復され、その結果、相同な染色体が集まって、一本の巨大な染色体、多糸染色体を形成する。表型模写の観察から四半世紀を経て、一九六二年に、イタリアのＦ・Ｍ・リトッサ(F. M. Ritossa)は、ショウジョウバエの幼虫を通常より数度高い温度にさらすと（つまり熱ショックをかけると）、多糸染色体の何カ所かに、明らかな膨らみが生じることを観察した。これがパフと呼ばれるもので、パフでは主にｍＲＮＡが活発に合成されていることが後になって分かった。そうなると熱ショックによって特異的に誘導されてくるタンパク質があると考えるのは自然である。やがて一九七〇年代に入ると、ＨＳＰ90、ＨＳＰ70、ＨＳＰ27などと呼ばれる一群の熱ショックタンパク質（ＨＳＰ）が報告されるようになった。

熱ショックタンパク質を誘導するのは、必ずしも熱だけではなく、水銀、カドミウムやヒ素などの重金属を含む有毒物質、低酸素や、活性酸素などの酸化ストレス、グルコース飢餓や虚血などでも同様の熱ショックタンパク質が誘導されることが分かってきた。細胞が異常なタンパク質を作り出すような病的な状態においては一般的に見られる現象であることから、熱ショックタンパク質はより広くストレスタンパク質と呼ばれるようになってきた。

ストレスタンパク質から分子シャペロンへ

一九八〇年代も後半になると、ストレスタンパク質の仲間は必ずしもストレスがかかった状態でだけ発現しているのではなく、通常の細胞の中でもある程度発現していたり、場合によってはかなりの量作られていたりすることが分かってきた。生成途中の未熟なタンパク質はミスフォールドしたり凝集したりしやすいが、これらのストレスタンパク質は、それら生成途上のポリペプチドに作用して、その成熟を助けているらしいということが次第にはっきりし、そのような機能を称して、「分子シャペロン」という言葉が提唱されたのである。

「シャペロン」という名前はフランス語の「シャッポ(帽子)」からきた言葉であるそうだ。元々は、社交界にデビューする若いレディに、ドレスを着せ、舞踏会場まで連れて行き、自分は控え室で待機している、そういう「介添え役」の女性をさす言葉である。この婦人がシャッポをかぶっていたことから、シャペロンと呼ばれるようになったという。ルノワールに「ムーラン・ド・ラ・ギャレット」というよく知られた絵画があるが、中央にいる帽子をかぶった女性がシャペロンであるらしい。分子の世界のシャペロンも、できたばかりの若いお嬢さんポリペプチドを教育し、社交界にデビューするときには、その会場まで連れて行き、一人前になったらそこから離れる。まさに名前どおりシャペロンとしての働きをしている。

言葉による命名とは不思議なもので、いったん「シャペロン」という言葉で呼ばれるようになると、それに類似した働きもその範疇で、あるいはその概念で理解できるようになり、細胞内の種々の作用がひとつの言葉によってすっきり整理されることになった。雑草と思っているあいだは個々の草たちの個性は見えてこないが、いったんその名を覚えてしまうと、それ以降は、野にあってもその草だけが向こうから目に働き掛けてくるようになるのに似ている。分子シャペロンという言葉で呼ぶようになると、それに該当する機能が細胞内のいたるところに見られるということになり、分子シャペロンの研究はいっせいに、かつ劇的な進歩を遂げるにいたったのである。ストレスタンパク質の多くは、分子シャペロンとしての働きを持っている。

大腸菌で働くシャペロン

リボソームで作られたポリペプチドが正しくフォールディングしていく過程を、大腸菌を例に、具体的に見てみることにしよう(図3-5)。一個のタンパク質が作られるまでに、いかに多くのシャペロンが関与しているかを見ることができるだろう。

リボソームに結合しているトリガーファクターと呼ばれるシャペロンがある。できたばかりのポリペプチドは、リボソームの孔から出てくると、まずトリガーファクターの籠《かご》のような構造の中に入り、この籠の中でフォールディングを開始する。籠の中では疎水性アミノ酸が露出していても、他のポリペプチドと相互作用する危険がなく、生まれたばかりの赤ん坊がゆりかごの中で育っていくように外界と遮断されているのである。大腸菌が作るポリペプチドの中で、トリガーファクターのお世話になってフォールディングするのは、おおよそ七〇パーセントと言われている。

しかしタンパク質の中にはトリガーファクターの介添えだけではフォールディングできない

ものもあり、これらは次の段階として、ＤｎａＪ、ＤｎａＫといわれる別のシャペロンに受けわたされた上で、その助けを得てフォールディングしていく。こういうものが約二〇パーセントあると言われている。なかにはそれでもまだフォールディングできないもっと複雑なタンパク質もあり、これはＧｒｏＥＬ（グロ・イー・エルと読む）という筒型のシャペロンの中に入れら

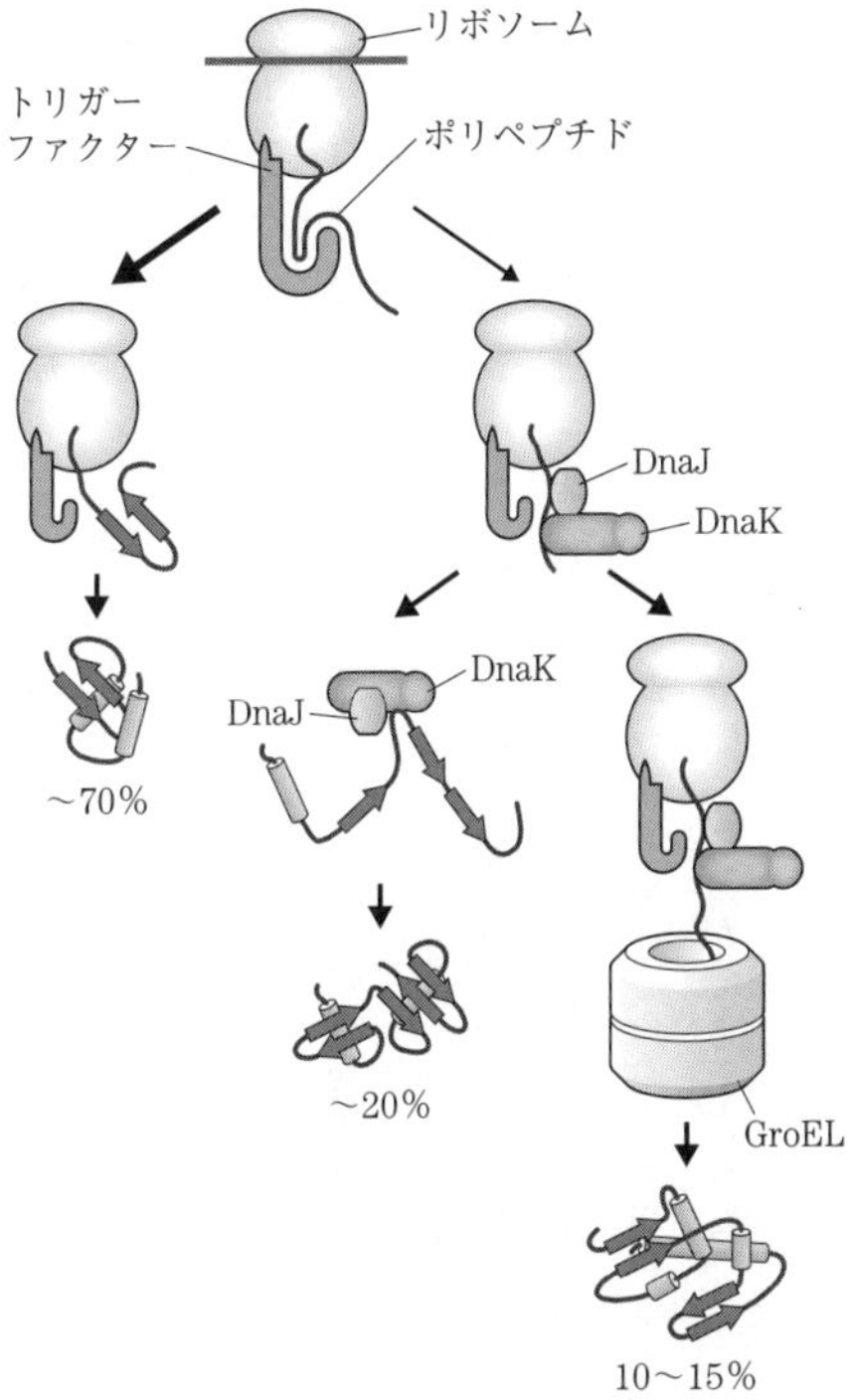

図 3-5　大腸菌でポリペプチドがフォールディングしていく様子

れて、その筒の中でフォールディングする。これがおよそ一〇～一五パーセントと言われている。

大腸菌のようなバクテリアに限らず、私たちヒトを含む動物細胞にも同じような働きをする分子シャペロンが存在している。トリガーファクターやＤｎａＪ、ＤｎａＫ、さらにＧｒｏＥＬなどのそれぞれに対応する分子シャペロンが真核細胞にも存在し、同じ順序で同じように働いている。

分子シャペロンはすでに何十種類も発見されており（私たちの研究室でも、新規の分子シャペロンを三種類ほど発見し、報告してきた）、さまざまな働き方をすることが明らかにされてきている。新しく作られたポリペプチドは、これらシャペロンの力を借り、正しくフォールディングしてはじめて、細胞の中で働くことができるようになるのである。

ゆりかごの中でのフォールディング

分子シャペロンがどのようにしてフォールディングを助けるか、ここで先ほどふれた筒状のシャペロンＧｒｏＥＬに注目して、具体的に見てみることにしよう。ＧｒｏＥＬは、図3-6に示すように、同じサブユニットが七つ集まった七量体の樽状あるいはリング状の構造を持つ、驚くべく精巧なフォールディング機械である。

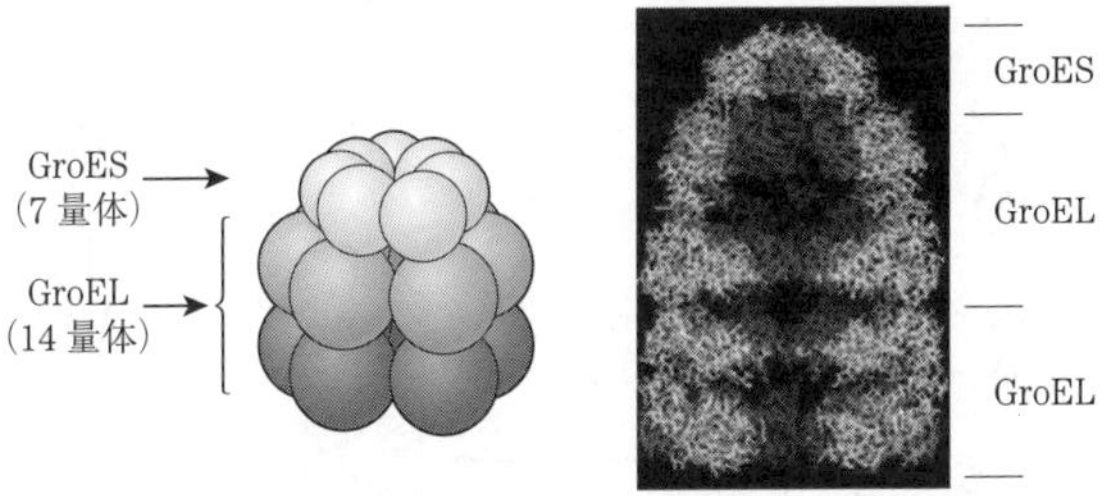

図 3-6 GroEL の構造

ＧｒｏＥＬリングは二重に重なった一四量体からなっているが、このリングにはＧｒｏＥＳという、七量体の小さなシャペロンリングが帽子のように乗っかってこの穴をふさいでいる。この帽子によってＧｒｏＥＬリングのキャビティ（空洞）を細胞内の他のタンパク質から隔離し、いわば無菌室を作り出すことができる。生まれたばかりの赤ちゃんを無菌室のゆりかごに入れるように、できたばかりのポリペプチドをこのキャビティに入れ、他のタンパク質からの干渉を受けないようにしてフォールディングさせる。ＧｒｏＥＳはシャペロンに協力して働くという意味で、コシャペロンと呼ぶことが多い。

「電気餅つき器」の仕組み

ＧｒｏＥＬの二段重ねのドーナツでは、それぞれのキャビティの中で、別々にフォールディングが進行する（図3-7）。オートバイに乗る人ならなじみ深いだろうが、このフォールディングのシステムは二気筒エンジンのようなもので、上と下がちょうど位相

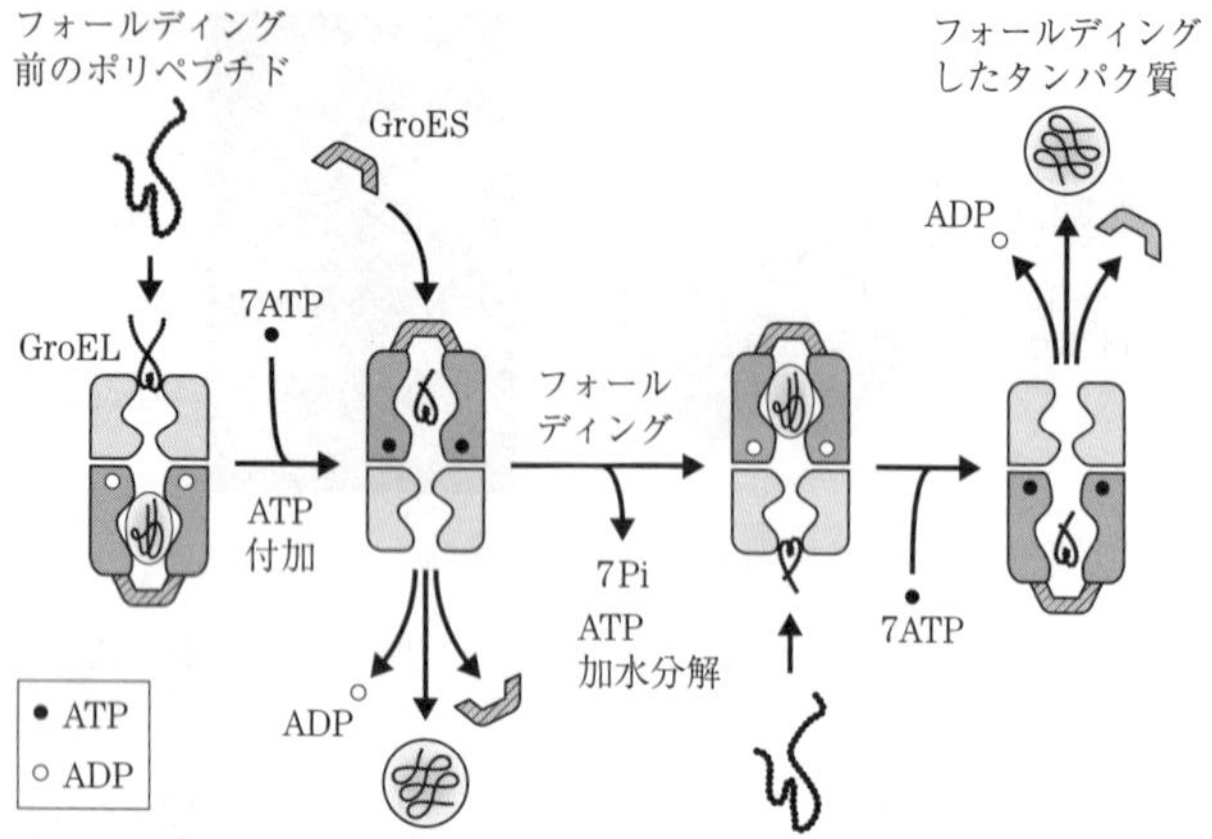

図3-7　GroEL内でのフォールディング・システム

が一八〇度ずれて交互に働いている。ここでは上のほうを基準に見てみることにしよう。まず、帽子にあたるＧｒｏＥＳが外れた状態のところに、フォールディング前のポリペプチドがやってくる。このポリペプチドの疎水性の部分が、ＧｒｏＥＬの入り口の縁にある疎水性の領域に結合する。次にＡＴＰがＧｒｏＥＬに結合すると、ＧｒｏＥＬのリングは構造変化を起こし、リングの縁に露出していた疎水性領域を内側に折り込んでしまう。

　すると、そこに結合していたポリペプチドは疎水性相互作用の相手がいなくなって、キャビティの中にすとんと落っこちる。すかさずＧｒｏＥＳがふたをして、安全なゆりかごのできあがりである。ＧｒｏＥＬ自体は、ＡＴＰを加水分解する活性を持ち、ＡＴＰをＡＤＰ(アデノシン二リン酸)に変えて、エネルギーを得ることができる。このエネルギーはさらにGroELリングの構造変化を起こす。このとき、中に入っているポリペプチドもまわりの壁を作っている原子からの力を受け、フォールディングが進む。

この過程をたとえるならば、電気餅つき器である。電気餅つき器は、底にある羽根と臼にあたる周りの部分が回転する仕組みになっており、中に入っている餅米はその力を受けてこれもまた揺れ、回り、揺れているあいだに搗《つ》き込まれて餅になっていく。GroELで起こっているのもそれに近い原理である。周りのGroELが構造変化を起こすのにともなって、中のポリペプチドにも力が加わり、それによってフォールディングが進んでいくのである。

上側のドーナツでこうした反応が起こっているときに、下側ではまったく反対の位相で反応が進んでいる。図3-7に見られるように、下側のリングに帽子になるGroESがくっつくと、それが引き金になって、反対側のGroESがぽんとはずれ、中のポリペプチドは外へと放り出されてしまう。このときに中のポリペプチドが正しくフォールディングしていればこれで完了だが、もしこれが未熟だった場合には、もう一度このサイクルを繰り返すということになる。これはGroELサイクルと呼ばれている。アメリカのA・ホロビッツ(A. Horwich)とわが国の吉田賢右《まさすけ》氏(東京工業大学)らのグループによって、詳細な解析がなされ、それぞれのステップにかかる時間まで算出されている。それによれば、八秒から一五秒程度で一サイクルがまわるらしい。

二〇年ほど前までは、DNAから情報を読み取ってアミノ酸を正しく配列しさえすれば、それでタンパク質合成は完了と考えられていた。しかし、細胞の中では、ポリペプチドを正しい構造にするためにGroEL/GroESをはじめとして何種類もの分子シャペロンが働いて、ひとつのタンパク質のフォールディングがおこなわれているということが明らかになってきた。これは逆に言えば、タンパク質を正しい構造に導くという作業はそれほど難しいことなのだ、とも言えるだろう。

正しくフォールドするのはこんなに難しい

構造をとるのがとくに難しい膜タンパク質の場合を例としてあげてみよう。囊胞《のうほう》性線維症という病気がある。欧米では出生児二五〇〇人に一人という高い発生頻度を持ち、呼吸器や外分泌臓器の多臓器不全のため、多くは二〇代から三〇代で死亡する難治疾患である。この原因となるタンパク質はCFTRと略称されるもので、塩素イオンが膜を通過するためのチャネル(孔)を作るタンパク質である。CFTRに変異が起こると囊胞性線維症を引き起こすが、このタンパク質は正常細胞においても、合成されたもののうちなんと七五パーセントは正しくフォールドされずに分解されてしまうらしい。

もっと極端な例では、甲状腺ペルオキシダーゼという酵素がある。これも膜を貫通するタンパク質だが、この場合には作られたタンパク質のわずか二パーセントしか正しく細胞表面に達しないという報告がある。後は多分正しくフォールディングしなかったために壊されてしまうという。

なんという無駄であろうか。一個のタンパク質を作るために、転写、翻訳、そしてフォールディングと、いったい何分子のATPを使っているだろう。それほどのエネルギーを使って作っておいて、一方で生物はそれらを平気で壊してしまう。生物はこのような無駄を平気でやっているらしい。第六章の品質管理のところで述べるが、生物の戦略としては、どうやら丹念にひとつひとつを完璧に仕上げるというよりは、いくらか大雑把に作って、駄目なものは捨てていいものだけを残すという戦略が好まれているらしい。生物は、そういうところは、結構アバウトなのである。

ストレスタンパク質

ところが、いかに分子シャペロンが活躍しても、細胞内のタンパク質が正しい構造を維持して働き続けるためには、最初にフォールディングするときだけ注意すればいいわけではない。実は細胞には常にさまざまなストレスがかかっている。そのために、タンパク質は常に変性してしまう危険性にさらされている。いったん変性したタンパク質は凝集を起こしやすいので、なんとか変性や凝集を阻止したり、いったん変性してしまったタンパク質を再生して使えるようにしたり、といった処置が必要になる。こうした、いったんできあがったタンパク質が危機に瀕した時にそれを守るために、ストレスタンパク質が働いている。ストレスタンパク質にはいくつもの種類があるが、ほとんどの場合分子シャペロンと重なり、同じように「介添え役」としての機能を果たす。

ここでいうストレスとはどういうものか、たとえば発熱を考えれば分かりやすいだろう。私たちヒトの細胞は、通常、約三六度程度の温度に保たれている。しかし、たとえば風邪をひいて熱が出たときには、三九度、子どもなら四〇度を超えることもしばしばである。一般に熱エネルギーは、運動エネルギーとなって分子をはげしく運動させる。冷たい水を火にかけて熱すると沸騰するが、これは熱のエネルギーを吸収した水分子が、それを運動エネルギーに変え、はげしく運動しているのである。タンパク質の場合も同じで、細胞に熱がかかるとアミノ酸を構成する原子の動きが活発になり、せっかく疎水性のアミノ酸を内側に折り畳んで安定した構造をとってきたにもかかわらず、それを作っている原子が熱エネルギーを獲得し、活発に運動することによって全体の安定な構造を壊してしまう。その結果、疎水性のアミノ酸クラスターが分子表面に露出して不安定になり、凝集を起こしてしまうということになる。

ヒトの身体において熱がでるというのは異常事態だが、熱によるタンパク質の凝集という出来事には、私たちは日常生活で当たり前のように出会っている。たとえば料理で肉や魚を焼いたり炒めたり煮たりするとき、タンパク質は変性し、凝集する。もっと分かりやすい、典型的な例はゆで卵である。生卵のとき、卵に含まれるタンパクは水にとけた状態にある。これに熱を加えるとゆで卵になるが、ゆで卵というのは、要するにタンパク質(だけではないが)が凝集して固まったものだ、と言えば、「凝集」という現象をイメージしやすいだろう。

ゆで卵ならおいしく食べればいいが、私たちの細胞の中でタンパクが固まってしまうと、細胞は死んでしまう。ならばどうすればいいか。細胞はぬかりなく、この状況に対処するメカニズムを備えている。ストレスタンパク質の出番である。

タンパク質の修理屋

分子シャペロンとストレスタンパク質は働きとしてはほとんど同じものである。平常時に作られて機能しているものを分子シャペロンと呼び、ストレス下にすみやかに誘導されてくるものをストレスタンパク質と呼んでいる。多くの分子シャペロンはストレスによって誘導されるストレスタンパク質でもある。たとえば熱ストレスがかかると、ストレスタンパク質(この場合は熱ショックタンパク質と呼んでもいい)が誘導されて、大量に新しく合成される。これがまず、変性したタンパク質の、外部に露出してしまった疎水性アミノ酸クラスターにくっついてそれらをマスクし、凝集を阻止するために働く。そのうえでさらに、先ほど分子シャペロンの働きとして見たのと同様に、ATPエネルギーを使って、変性したタンパク質をもとに戻し、再生していくということになる(後出、図3-8)。ストレスタンパク質(分子シャペロン)は、タンパク質の修理屋としても働いているのである。

こんな都合のいいことが本当におこなわれているのだろうか。それを試験管の中で再現することができる。試験管の中で、たとえば尿素のような変性剤でタンパク質を変性させる。タンパク質として正しい構造をとったかどうかを活性で判断できるため、こうした実験の素材としては酵素が使われることが多い。そして、変性した酵素液から変性剤の尿素を抜いてやる。実際には希釈によって尿素の濃度を一気に低くするのであるが、その際、そこに分子シャペロンとATPを加えてみる。すると、驚くべきことに、酵素活性が再び現われたのである。アンフィンゼンがやった実験と基本的には同じだが、この場合分子シャペロンがないと、ほとんど酵素活性の回復は見られなかった。分子シャペロンがフォールディングのやり直し(リフォールディングと言う)を促進した結果である。

この研究は『ネイチャー』や『セル』などの雑誌に掲載されたが、当時、誰もが「おそらく原理的にはそうなるだろう」と思いながら、まさかと思い、自分の手では試みなかった実験であった。どんなにばかばかしく思えることでも実際にやってみなければ何も始まらないものだと身につまされた経験である。実験科学では、往々にして〈蛮勇〉を奮うことが大切だ。「学んで思わざれば則ち罔《くら》し、思うて学ばざれば則ち殆《あやう》し」と言ったのは孔子だが、実験科学では学んでいるだけでも、思っているだけでもだめで、それを実際に手を動かして証明してみるというその行動力が大切になってくる。手が早いとか、腰が軽いというのは世間ではあまりいい意味で用いられないが、私は実験科学に携わる研究者は、思い立ったらすぐに試してみるというフットワークの軽さが大切だと思っている。

今ではさまざまなタンパク質について、同様のことが確認され、変性させたタンパク質の(酵素)活性の回復度を測ることは、シャペロン活性そのものの測定として定着した実験手法となっている。

ゆで卵が生卵に！

細胞にかかるさまざまなストレス下に、細胞内タンパク質が凝集しないように防御する役割を、ストレスタンパク質(分子シャペロン)は持っていた。しかし、それだけではなく、なんといったん凝集してしまったタンパク質をほぐすことのできる凄腕のシャペロンも存在する。酵母ではHSP104という六量体リングからなる分子シャペロン、大腸菌ではClpBと呼ばれる同様の構造を持ったシャペロンがそれである。

試験管の中での実験ではあるが、HSP104にHSP70などの分子シャペロンを加え、エネルギーとしてATPを補充してやると、いったん凝集したタンパク質が可溶化し、さらに再生することが分かった。（酵素）活性が回復したのである（図3-8）。これは驚くべきことである。なぜなら、ゆで卵（凝集）が生卵（正しいフォールディング）に変わってしまったのだから！　もちろん現実にはゆで卵は生卵には戻らないが、細胞の中ではそれに近いことが起こっているのである。

どういうメカニズムで凝集をほぐすのかはまだ明らかではないが、おそらく毛糸玉をほぐすときと同じようなことが起こっているのではないかと考えられている。凝集したタンパク質というのはもつれた毛糸玉のようなものだと思えばよい。ポリペプチドという毛糸がこんがらがってしまった状態である。それをほどこうとするとき、普通試みるのは、毛糸の端から一本一本たぐって、もつれをほどきながら引き出していくことだろう。HSP104の場合も、もつれたポリペプチドの端をつかまえて、ドーナツ状の孔の中を通し、その過程でもつれていたポリペプチドをだんだんとほぐして一本のヒモにもどし、それからもう一度フォールディングさせるのではないかと現在では多くの研究者が考えている。

シャペロンの作動原理は三つ

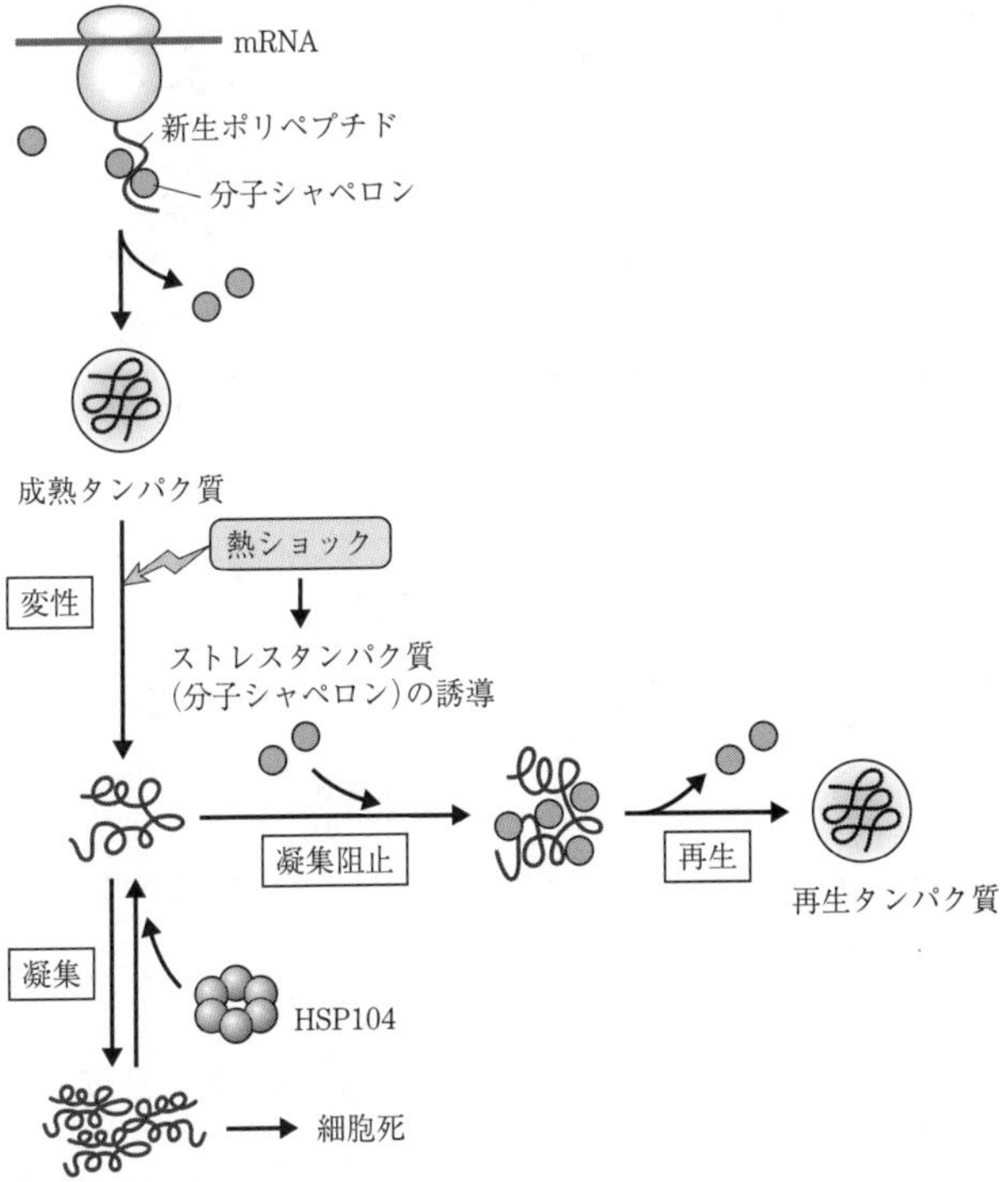

図3-8　タンパク質の変性とストレスタンパク質による再生

ここで分子シャペロンの作動原理についてまとめておこう。

これまで述べてきたように、シャペロンには多くの種類があって、その作動原理も多様であるように見える。そもそも変性状態というのはそれ自体が多様であり、それに対処する方法は、状態の多様性以上の多様性を持っていなければならないと考えるのが当然である。しかし、実際には分子

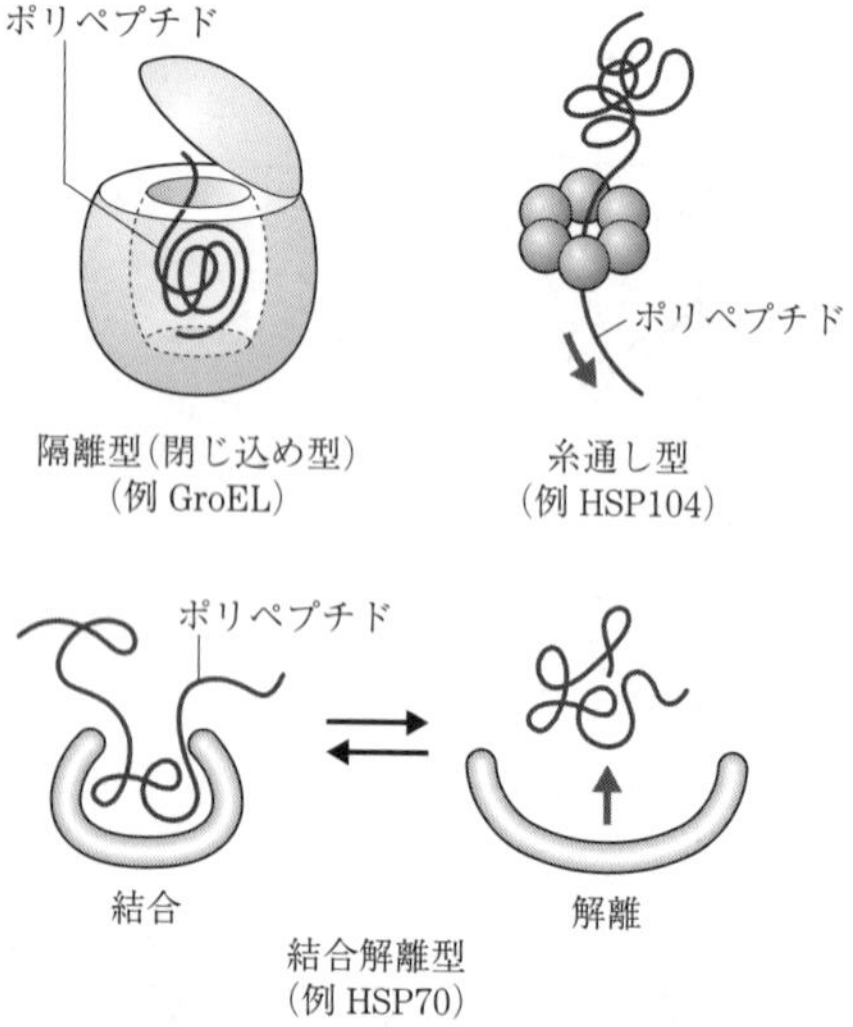

図 3-9 シャペロンの 3 つの作動原理

シャペロンの作動原理はきわめて単純なものであるらしい。吉田賢右氏の提案であるが、大きく分けて三つの方法がある(図3-9)。「隔離(閉じ込め)型」と「結合解離型」と「糸通し型」である。

第一の「隔離型」は、ＧｒｏＥＬ／ＧｒｏＥＳのように、変性あるいはミスフォールドしたタンパク質同士が凝集しないよう、一分子ずつかごの中に隔離してフォールディングさせる方法である。新生タンパク質ならゆりかご、変性タンパク質なら留置場といったところだろうか。そのかごあるいは壁の中では、ちょっとアブナイ不良仲間から影響をうける心配もなく、ゆっくり成長を見守ることができ、更生を待つことができるだろう。第二は、ＨＳＰ70などの場合のように、変性タンパク質と直接結合することによってとりあえず疎水性の部分を塞いでしまう。そして変性タンパク質とのあいだに「結合解離」を繰り返し、自発的なフォールディングを待つという方法である。正しくフォールドしてしまえば、疎水性残基は分子の内部に折り畳まれてしまうので、もはや無意味な凝集を作ることはない。保護観察官のようなもので、悪くなりそうになったら付き添って保護し、十分更生できたらもうお構いなしということである。そして三つ目の手段が、HSP104のように、リング型をした分子シャペロンの孔に、変性あるいは凝集したポリペプチドを通すことによって、複雑に絡まりあったポリペプチドの糸をいったん解きほぐし、もう一度フォールディングの機会を与えてやろうというものである。無理なアナロジーを承知で言えば、暴走族のように集団になっていると始末に負えないが、一人ひとりをその集団から引き抜いてやれば、それなりにおとなしいいい子に戻るというようなものだろうか。ちょっと違う気もするが。

脳虚血

分子シャペロンは私たちの身体の中で、実際にさまざまな重要な役割を果たしている。私たちが普通に健康に生きていられるのは、実は分子シャペロンが陰ながら守ってくれているからこそと言っても過言ではない。

分かりやすい例として、ラットの脳虚血の実験を紹介しよう。血栓などが脳の毛細血管につまると、そこから先の血管に血液がいかなくなり、脳梗塞を引き起こす。脳梗塞では、梗塞巣

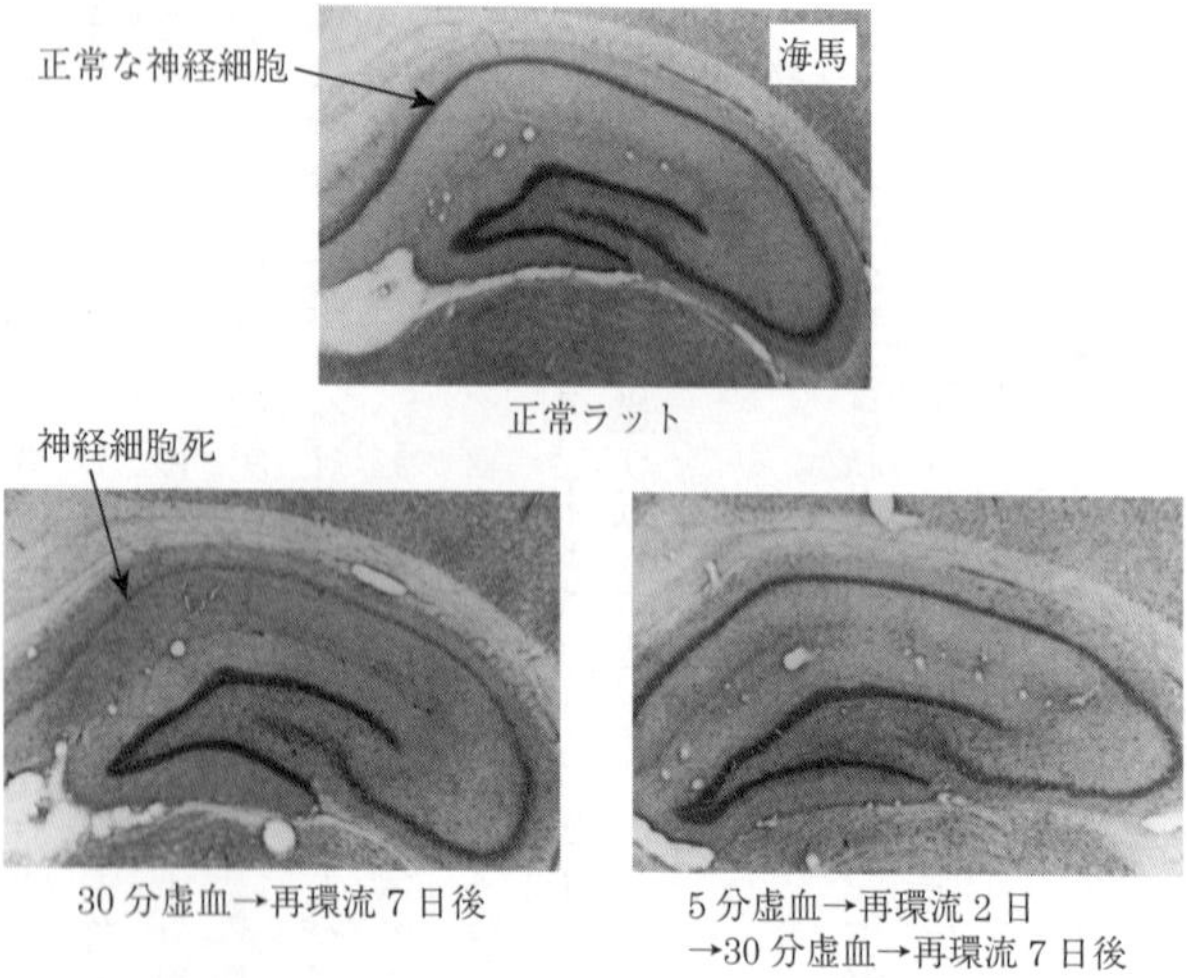

図 3-10　脳虚血と遅延性神経細胞死（海馬領域）

より先の血管には血液が流れず、たとえ助かっても、さまざまの重篤な後遺症が出ることはよくご存知であろう。

　私たちの研究室では、マウスやラットなどを用いて、脳虚血とストレスタンパク質がどう関わるかの実験をおこなったことがある。図3-10はラットの脳で、神経細胞を色素で黒く(実際には紫に)染めてある。染まっているのは、脳の中でも海馬といわれる領域で、記憶をつかさどっていると言われる部分である。海馬には一連の神経細胞の密集した箇所があり、正常なラットの脳では、ひらがなの「つ」と「く」の字のような形に神経細胞が染まる。

　実験では、いったんラットの脳へいたる血管(総頸動脈と言う)を三〇分だけしばって虚血し、そのあと血管を再び開いてやる。すると再び血液が流れ出し(再環流)、ラットが死ぬことはない。しかし、そのあと七日たったところでラットを解剖して海馬の領域を調べてみると、海馬の神経細胞は左下の図に見られるように、著しく死んで脱落していることが分かった。虚血時からだいぶ遅れて神経細胞が死ぬので、「遅延性神経細胞死」といわれる。

ストレス耐性の獲得

図右下のラットの脳もまた、左下の図と同じように三〇分虚血したのち再環流七日後のものである。しかし海馬の領域の神経細胞は、正常なラットとまったく見分けがつかない。実はこのラットについては、三〇分虚血する二日前に、五分だけ虚血しておいたのである。五分虚血して、しばりを解き、二日間そのまま再環流させる。二日後に今度は三〇分虚血して、再環流させ、七日経ったところで観察した。このラットでは、三〇分虚血したにもかかわらず、海馬の神経細胞は、まったく虚血を与えていないラットと見分けがつかないほどに元気であった。これは何故だろうか。

このラットでは、五分の前虚血がポイントである。細胞に三〇分間の虚血というような強いストレスを与えると、タンパク質の変性が起こって、神経細胞は死ぬ。ところが五分虚血のような弱いストレスでは、細胞はいたって元気である。しかしこの弱いストレスが与えられたことによって、細胞はストレスタンパク質を作ってためこむ機会を得た。ストレスタンパク質が蓄積されていたために、その後で強いストレスを受けても細胞の中の多くのタンパク質が虚血というストレスから守られ、細胞は死ななかったのである。これを「ストレス耐性」、今の場合は虚血に対する耐性なので「虚血耐性」という。

これはもちろん虚血の場合だけに起こる現象ではなく、熱ストレスの場合も同じである。通常は三七度で培養している細胞を、四五度に一〇分もさらしてやると、細胞は死ぬ。しかし、最初に四一度で一〇分くらいの弱いストレスをかけ、そのあと一時間ほどして先ほどと同じように四五度という強いストレスをかけても、細胞はすでに耐性を獲得している。最初の弱いストレスによって、ストレスタンパク質を誘導・蓄積したからである。この場合は温熱耐性と呼ばれることもある。

ストレスタンパク質は、熱や虚血に限らず、外部からのさまざまの刺激に対して、体内のタンパク質変性を阻止することによって、私たちの身体を細胞レベルで守っている。あわや、という場面ではどこからともなく颯爽と現われて、ヒロインを救い出してくれる、スーパーマンや月光仮面やウルトラマンみたいな存在が、ストレスタンパク質なのである。私たちの身体の恒常性（ホメオスタシス）を保つため、ストレスタンパク質や分子シャペロンは日夜働いているのである。

移植手術への応用

こうしたストレスタンパク質の臨床的な応用の検討例として、肝移植のような臓器移植手術を考えてみよう。移植手術に際して、その場ですぐ移植できない状況にある場合、たとえば移植を受ける患者さんのいる、はるか離れた場所まで臓器を運ばなければならない場合、生体から切り離された臓器は、長く虚血状態に置かれることになり、当然のことながら時間に比例して臓器障害が引き起こされる。そのため、臓器を氷詰めにし、細胞の代謝を止めて、障害を極力抑えた状態にして輸送するのが常である。

それでも虚血による細胞の障害は甚大である。このような場合に、ストレスタンパク質を積極的に誘導して、臓器に虚血耐性を獲得させようという方法が模索されている。生体から取り出す前に熱ショックをかけて、ストレスタンパク質を誘導する。そのような状態で臓器を取り出し、輸送すれば、ストレスタンパク質が臓器内のタンパク質を変性から守ってくれるため、少しでも長い時間、臓器を保《も》たせることができるのではないか。まだ実用化はされていないが、可能性のある手段として、実際に臨床的な模索が進められている。

がん治療とストレスタンパク質

このように分子シャペロンやストレスタンパク質は正義の味方である。しかし、盾にも両面があるように、逆にこれらが困った事態を引き起こすこともある。がんの温熱療法の場合がそれである。

がんの代表的な治療法を五つ言えるだろうか。腫瘍組織を切除してしまう外科手術、抗がん剤などによる化学療法、放射線を患部にあててがん細胞を殺してしまう放射線療法などはよく知られている。四つ目に免疫療法があるが、あまりなじみがないかも知れない。サルノコシカケと言えば、ああと思い当たるだろうか。がん細胞は元々自分の細胞ががん化したものなので、正常な細胞との差異は当然微少であり、免疫機構だけでそれらを異物として完全に排除することは難しい。ある種の多糖類のように、免疫力を賦活化する作用のあるものを投与し、免疫力を高めることによって、がん細胞を殺してしまうという方法である。これら非特異的免疫療法のほかに、最近では、患者自身のリンパ球にがん細胞の特徴を覚えさせ、がん細胞だけを特異的に攻撃させようとする特異的免疫療法が大きく発展している。

これらよく知られた四つのがん治療法のほかに、さらにもうひとつ、最近保険適用になった温熱療法という五番目の治療法がある。電磁波を使って、がんの組織だけを温めてやる療法である。電子レンジで食べ物を温めるのと同じ原理で、腫瘍組織を高温に保持することによって、がん細胞中のタンパク質の変性が引き起こされ、がん細胞が死ぬことを期待する。

温熱療法の実際

腫瘍組織の特徴は、正常組織に較べて、低栄養、低pH(弱酸性)、低酸素状態であるということである。これらはいずれも温度に対する腫瘍組織の感受性を高めることに寄与している。腫瘍組織内にも血管は発達し、とくにがん細胞自体が血管を誘導する物質を作り、血管を自らの組織内に引き込むことによって栄養を確保し、増殖する。がん細胞はしたたかである。しかし血管の発達は正常組織に較べて未熟であるので、血流によるクーリングの効果が正常組織より弱く、温度が高くなりやすい。これらの特徴ががんの温熱療法を効果的なものにしている。

ところが困ったことに、がん細胞と言えどももともと私たち宿主から出現した同じ細胞なのであり、当然、熱ストレスに反応して、ストレスタンパク質を作ることによる自己防衛能を持っている。温熱療法を施した次の日もう一度熱をかけても、生き残ったがん細胞はすでに熱に対して耐性を獲得してしまっている。温熱療法は、通常、週に二回のプロトコルでなされているが、一度熱をかけた時にできたストレスタンパク質が消えるまでに二～三日かかるため、それが消える頃を待ってもう一度熱をかけることになる。

しかしストレスタンパク質は、実際には組織を温めている最中にも誘導される。がん組織にも少ないとはいえ血液が流れて常にクーリングされているため、四一度以上に達するまでにはかなりの時間がかかってしまう。その間にストレスタンパク質が誘導されてしまって、効果を弱めることになる。つまり、温熱療法にかんしては、ストレスタンパク質の合成、誘導をいかに抑えるかが重要な問題として浮かび上がってくる。それを抑制する薬剤の開発も現在おこなわれている。

ストレスタンパク質が宿主の細胞を守っていることには間違いないのだが、その守っている細胞がいい細胞か悪い細胞かによって、ストレスタンパク質を誘導するのがいいのか、抑制するのがいいのかを考えなければいけないということである。

好熱菌のストレスタンパク質

ストレスタンパク質は、哺乳類のように高度に進化した生物に限ってあるものではない。第一章で少しふれた、温泉や海底火山の噴火口に生きているバクテリア、高度好熱菌もまた、ストレスタンパク質を誘導する。ふつうバクテリアは一五〜二〇度、せいぜい三〇度くらいまでの環境で生きている。だからこそ、少し日の経った食品などは火を入れて温め、発生しているかもしれないバクテリアを殺したり、その発生を抑えたりしてから食べるのである。しかし高度好熱菌、特に超好熱菌と呼ばれるバクテリアは、八〇〜九〇度、あるいはそれ以上の環境で生きることができる。

普段からこんな高温下で生きているにもかかわらず、この高度好熱菌にも熱ショックタンパク質が誘導されるのだから驚かされる。高度好熱菌の場合、九〇度程度で培養している時には普通に生きているのだが、わずか五度あげて九五度にすると、同じようにストレスタンパク質を誘導するらしい。私たちのように体温三六度で生きている生物が四二度になると大変な発熱と感じられる。私たちの感じからすると、九〇度と九五度ではたいして変わらないようにも思われるだろう。しかし、高度好熱菌、超好熱菌といえども、そのわずか五度の差を熱ストレスとして応答し、ストレスタンパク質を作るのである。タンパク質の構造は、それほどにデリケートなバランスの上に成り立っているのだということを実感させてくれる。

生命を守るシステム

熱ショックなどのさまざまなストレスに対応してストレスタンパク質を誘導する、いわゆる「ストレス応答」はひじょうに古い機構で、免疫応答より前にできたらしい。植物にもバクテリアにも同じような機能を持ったストレスタンパク質が存在しており、ストレスタンパク質は進化のもっとも早い時期に現われたタンパク質のひとつと考えられている。

太古の昔、私たちの祖先は単細胞生物、バクテリアであった。六〇兆個の細胞を持つ現在のヒトでは、ひとつやふたつの細胞が死んでも個体全体にはまったく影響はないが、バクテリアではひとつの細胞がひとつの生命なのである。〈ひとつの細胞が死ぬ〉イコール〈個体の死〉である。免疫反応など、多くの細胞が連繋して、全体として個体を守る防御機構がない状態で、細胞一個のレベルで、生命を守るシステムとして、ストレス応答はまさに生命の生死を左右する必須の自己防御機構として発達し、機能していたものと考えられる。

ストレス応答の仕組み

この章の最後に、どのようにしてストレスに応答してストレスタンパク質が作られるようになるのか、ストレス応答の仕組みについて簡単に触れておきたい。

遺伝子が発現するためには、遺伝子の上流、プロモーター(転写調節領域)と呼ばれる領域にあるDNAの一部に、転写を活性化するタンパク質が結合することが必要である。ストレスタンパク質のプロモーターには共通の配列があり、共通の転写活性化因子(これを Heat Shock Factor＝HSFと呼ぶ)が結合することによって多くのストレスタンパク質がいっせいに転写・翻訳される。

通常、HSFにはある種の分子シャペロンが結合し、HSFを不活性の状態に保っている。だから正常の状態ではストレスタンパク質の多くは発現していない。ここで、細胞にたとえば熱ショックがかかったとする。細胞内の多くのタンパク質が変性の危機にさらされることになり、それに対処すべく分子シャペロンに緊急の出動命令がくだる。変性タンパク質に結合して、凝集を防ぎ、あわよくば再生させるためである。そうなると、ＨＳＦに結合していた分子シャペロンにも緊急出動がかかり、ＨＳＦから解離する。それによってＨＳＦは活性化され、核へ移行して、一群のストレスタンパク質をいっせいに発現させることになる。これがストレスによってストレスタンパク質が発現する仕組みである。つまりストレス応答を引き起こす引き金は、細胞内タンパク質の変性ということになる。

ストレスタンパク質が十分量作られて、細胞内タンパク質の変性の危機が回避されたとしよう。そのような状態では、十分量作られて、余ってきたストレスタンパク質が再びＨＳＦに結合し、ＨＳＦは不活性化される。そうするとストレスタンパク質の合成はストップすることになる。産物であるストレスタンパク質自身が、己の遺伝子発現を負に制御するこの仕組みによって、ストレスタンパク質は過剰に作られ過ぎる危険性を回避しているのである。これを負のフィードバック機構と呼ぶ。必要な時にだけ作り、必要がなくなればその合成をストップする、見事な制御機構である。

第四章　輸　送——細胞内物流システム

「輸送」の精巧なシステム

タンパク質が正しい構造を持てば、それ自体で機能を発揮することはできる。しかし、それが細胞にとって意味があるのは、そのタンパク質が本来働くべき正しい場所で働ける場合である。どんなに上手なサッカー選手でも、家の中でボールを蹴っていたのでは意味がないのであり、サッカー場のピッチに立ってはじめてサッカープレイヤーとしての意味がある。

タンパク質も同様に、作られた場所から、それが本来働くべき細胞内あるいは細胞外のそれぞれの場所に運ばれてゆく。タンパク質輸送には、私たちの社会の物流システムに比してもなんら遜色のない、きわめてよくできた細胞内輸送システムが発達している。

本章では、その輸送システムをいくつかの場合に分けて、具体的に見ていくことにしよう。タンパク質の一生という観点からは、いわば壮年期のタンパク質がいよいよその職場へ向かって赴任するというイメージであろうか。

宛先の書き方――葉書方式と小包方式

輸送には、何よりもまず、宛先がはっきりしていなければならない。この宛先の指定には、ふたつの方法がある。

まずひとつは、「葉書」方式。葉書には表に行き先が、裏に内容が書かれているように、タンパク質そのものに、宛先がアミノ酸の配列として書き込まれている場合である。言い換えれば、タンパク質が働くべき場所はすでに遺伝子に書き込まれており、生まれながらにしてどこで働くべきかが決まっている。タンパク質の世界では貴種流離譚は存在しないのである。

第二の方式は、「手紙・小包」方式。運びたい内容物を袋に入れて、袋自体に宛先を書いて送ろうというものである。この封筒あるいは袋としては、膜で囲まれた小さな袋「小胞」が使われる。後に詳しく述べるが、京都から東京へ荷物を送りたければ、封筒に「東京」という宛先を書く。同じ場所に運ぶ貨物は、一括して宛先の書かれた袋につめてしまえば効率的である。細胞内には貨物を効率的に運ぶため、輸送のためのインフラとして、網の目のように張りめぐらされたレールと、その上を荷物を積んで走り回るモータータンパク質が存在して、小胞の輸送を担っている。

「ここへ行きなさい」という指定の仕方に加えて、「ここにとどまりなさい」という指定、つまり局留めを指示することもある。郵便局にとどめておいてもらう場合を想像すればいいが、人間社会同様、細胞においてもそのような局留めのための指令があり、これもタンパク質自身のアミノ酸配列の中に書き込まれている。あるオルガネラ(細胞小器官)の内部にとどまれという指令の場合もあれば、膜を貫通したままとどまれという場合もあり、それぞれ別のアミノ酸配列がシグナルを担っている。

タンパク質の輸送経路

DNAからmRNAが転写され、そのmRNAの情報をもとに、翻訳機械リボソームでポリペプチドが合成されるところまでは、どのタンパク質も同じである。その後さまざまに輸送されて働き先へ送られていくわけだが、どこへ送られるかによって、それぞれ輸送の経路と輸送方式が異なっている。大きく分けて以下の四タイプに分けることができる。

まずは、サイトゾルでポリペプチドとして合成されると、そこでフォールディングをおこない、可溶性のタンパク質としてそのままサイトゾルで働く場合。この場合はできたその場で働き続けるので、特別な輸送は必要ない。ポリペプチドに何も宛先が書かれていない場合は、サイトゾルで働くタンパク質になる。コンピュータが一般的になり、デフォルトという言葉も一般に浸透してきたが、タンパク質の場合も、デフォルトはサイトゾルである。

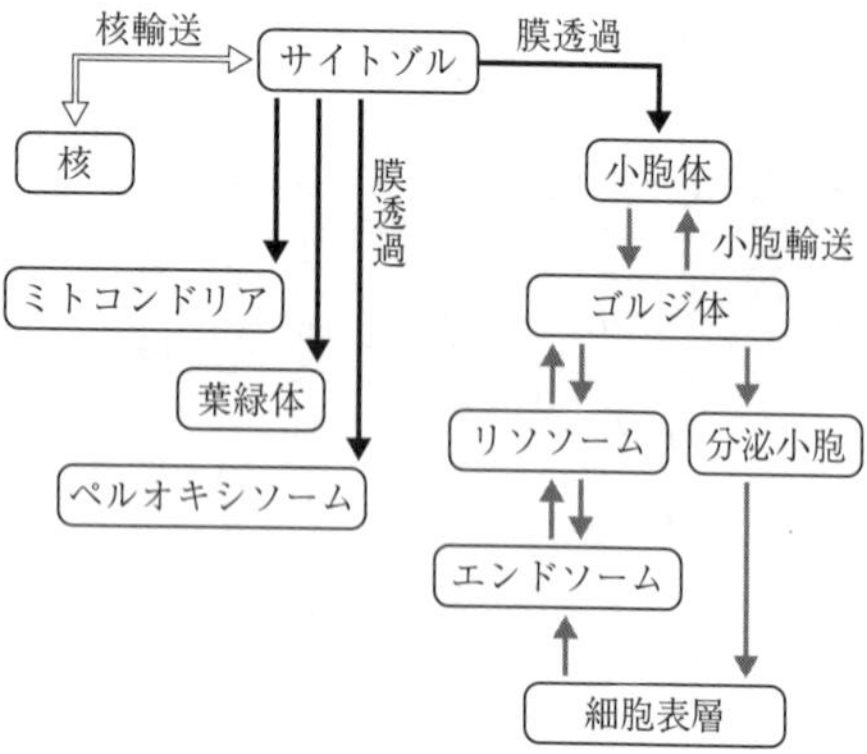

図 4-1　細胞内輸送経路

次に、輸送が必要な場合を以下の三つに分類することができる(図4-1)。第一は核への輸送、第二はミトコンドリアやペルオキシソームなどのオルガネラへの輸送、そして第三は、小胞体からゴルジ体を通って細胞の外へと分泌される場合、つまり「中央分泌系」である。

サイトゾルで働く場合を除いて、以下に三つの輸送経路について詳しく説明するが、この三つにはそれぞれに特徴がある。まず、タンパク質が構造をとってからの輸送と、構造をとらせないでおこなう輸送という点で大きくふたつに分けられる。オルガネラへの輸送の場合には、オルガネラは膜で囲まれているので、膜を直接通過する必要がある。膜には細い孔(チャネル)が開いていて、この孔をポリペプチドが通過する。これを膜透過と呼んでいる。したがって、タンパク質がフォールディングしていては通過できない。そこでフォールディングの前に、一本のポリペプチドとして、膜の細いチャネルを通過させようという戦略をとる。

これに較べて、核への輸送では核膜孔というタンパク質の直径に較べてはるかに大きな孔があるので、タンパク質は構造をとっていても輸送には差し支えない。小胞輸送においては、小包として送るので、小胞の中に入る大きさであれば、構造をとったまま包んでしまうことができる。積荷(一般にカーゴと呼んでいる)となるタンパク質が構造をとっているかどうかという観点からは、膜輸送(膜透過)だけが他のふたつとは違っている。

一方で、送られる荷物そのものに宛先が書いてあるかどうかという観点で眺めてみると、核への輸送、そして各オルガネラへの膜透過の場合には、ポリペプチドに直接宛先が書かれ、小胞輸送の場合には、袋の方に宛先が書かれるという点が他のふたつと違っている。

リン脂質の「膜」

輸送を考えるとき、膜透過の場合も、小胞輸送の場合も、膜が大切な要素として浮かび上がってくる。そこで最初に膜について簡単に説明をしておくことにしよう。

膜を作っているのはリン脂質と呼ばれる脂質で、これは、頭としっぽのある構造をしている。頭にあたる部分は親水性で水になじみやすく、しっぽの部分は疎水性である。疎水性の部分だけが互いに集まろうとする性質があるのは、アミノ酸の場合で見たのと同じである。そこで、親水性の部分が水に接する側に並び、疎水性の脂質の部分がその内側に並ぶと水と接する必要がなくなる。このように配列した二重の構造、これが、すべての膜の基本構造である(図4-2)。細胞を環境から隔離している表面の膜も、ミトコンドリアや小胞体などオルガネラの膜も、どれも基本的な構造は同じで、リン脂質が二重になっていることから、脂質二重層などと呼ぶ。

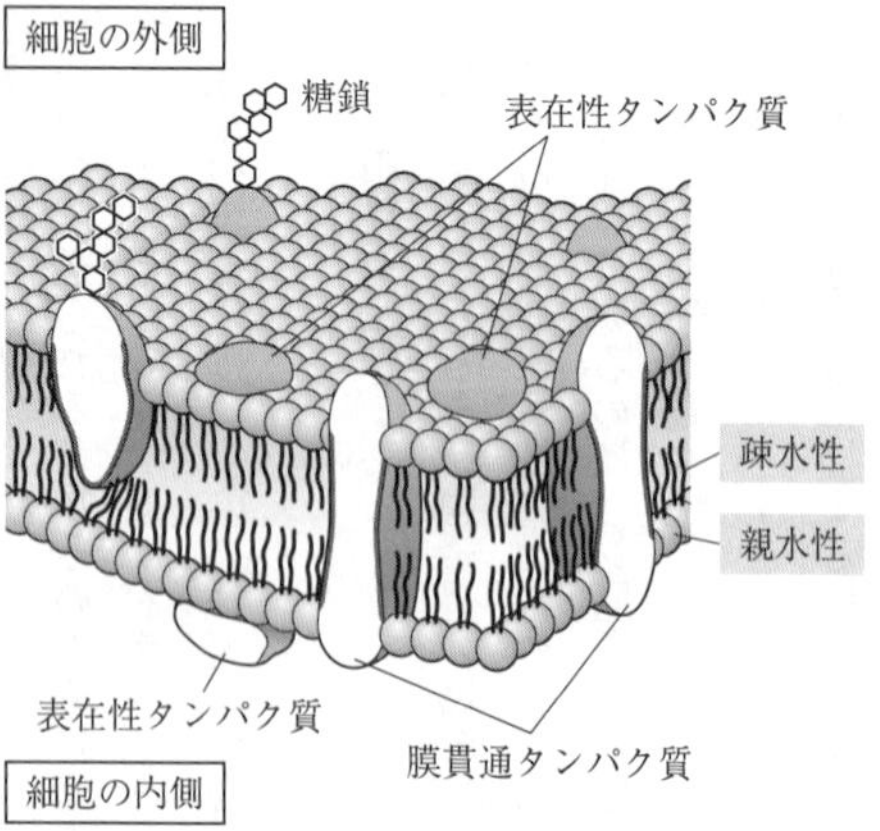

図4-2　細胞膜の模式図

「チャネル」を作る膜タンパク質

図からも分かるようにこの膜は文字どおり水も通さないくらい密にリン脂質が並んでいる。一〇〇平方ナノメートル(一辺一〇ナノメートルの四辺形)に二万個のリン脂質が並んでいるというが、ちょっと具体的に想像することは難しい。一方で、この膜構造はとてもフレキシブルであり、性質としてはシャボン玉をイメージしてもらえばよい。シャボン玉がさまざまな形にふくらんだり、他のシャボン玉とくっつき合ってひとつになったりするのと同じように、膜もダイナミックに形を変えたり、他の膜と融合してひとつになったりする。

このリン脂質の二重層の中には、実はさまざまなタンパク質が埋め込まれていて、自由に、またダイナミックに動き回っている。これらを膜タンパク質と呼ぶ。一部だけ膜の中に挿入されているもの、単純に表面にくっついているもの(表在性タンパク質)、あるいは脂質二重層を突き抜けているようなタンパク質(膜貫通タンパク質)もある。貫通しているものの中にも、一度だけ膜を突き抜けているものもあれば、一本のポリペプチドが何回も膜を貫通しているものもある(図4-2)。

膜貫通タンパク質は細胞の外と内をつなぐものとして大切である。細胞外からのさまざまのシグナルを受けとめて、それを細胞内に伝える受容体(レセプター)は多くがこのような膜貫通タンパク質によって担われている。また、何度も膜を貫通しているタンパク質は、膜貫通部位が寄り集まって細いチャネル、つまりトンネルの役割を果たすこともある。密に並んだリン脂質のあいだを物質が通過するのは大変なことだが、たとえばポリペプチドやカルシウムイオン(Ca^{2+})、あるいは水分子などは、何らかの形で膜を通過しなければならない。そのときに用いられるのがこのチャネルで、チャネルを作るためにも、膜タンパク質は重要な働きをしているのである。

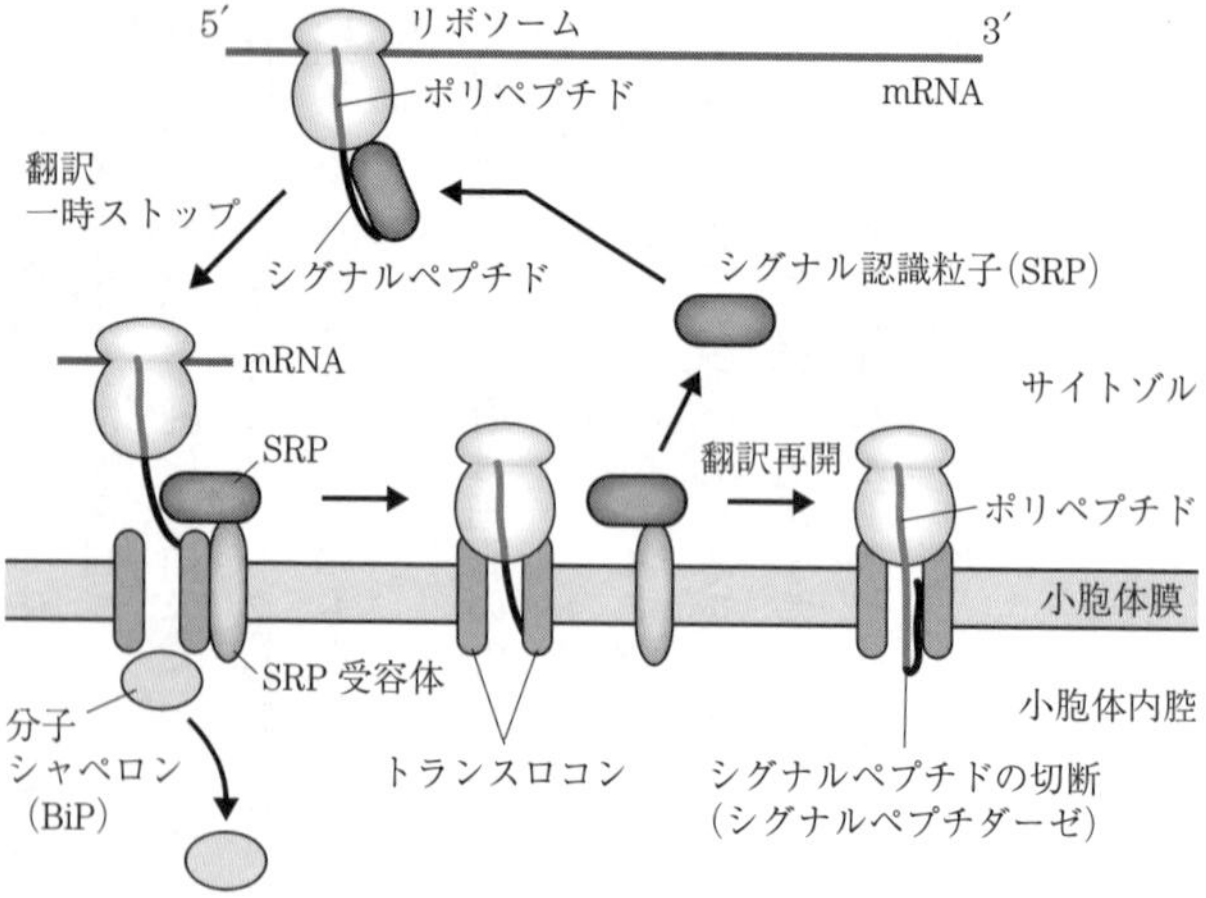

図 4-3　シグナル仮説と小胞体膜透過

シグナル仮説

それでは、膜透過のメカニズムを、ポリペプチドが小胞体の膜を通過していく過程を例にみていくことにしよう。ロックフェラー大学の生物学者G・ブローベル(G. Blobel)は一九八〇年代の初めに「シグナル仮説」を提唱した。分泌タンパク質や膜タンパク質の場合は、すべていったん小胞体に入り、そこからゴルジ体を通過して細胞表面へと輸送されるが、新しく作られたポリペプチドがどのようにして小胞体へ挿入されるのかを明らかにしたのが、ブローベルによるシグナル仮説であった(彼はこの説により一九九九年にノーベル生理学・医学賞を受賞している)。図4-3に、その後の知見をも加えて図示する。

ここで重要なことは、ポリペプチドが通過

する膜のチャネルは細い孔なので、フォールディングしてしまって構造を持ったタンパク質は通ることができず、ポリペプチドのままで通過する必要があるということである。もしこのときに、サイトゾルの中で長いポリペプチドを先にすべて合成してしまうと、小さな孔を通すのがますます難しくなる。針穴に糸を通す時のことを考えてもらえば分かるように、長く引き出した糸を針穴にそのまま通そうとしても、先がふらふらと定まらなかったり、途中で絡まり合ったり、結び目ができたりして、なかなかうまくいかない。

そのため、ポリペプチドがリボソームから出てきたところで、合成をいったんストップして、その状態で小胞体にあるチャネル(これをトランスロコンと呼ぶ)のところまでリボソームごと運び、ポリペプチドをトランスロコンに押し込むようにして挿入するという戦略がとられている。これは、ポリペプチドの小胞体への輸送と翻訳とが同時になされるシステムであるため、翻訳共役輸送(co-translational transport)と呼ばれている。

翻訳共役輸送――針穴通しの名人芸

リボソームでmRNAの情報を元にしてポリペプチドが翻訳され始める。ここで、シグナル配列が登場する。小胞体へ向かうべきポリペプチドの読み始めの部分、つまりN末端には、「小胞体へ行きなさい」という宛先が書かれている。この宛先は十数個から二十数個の疎水性のアミノ酸がつながった配列からなる。これはシグナル配列と呼ばれたり、シグナルペプチドと呼ばれたりする。

シグナルペプチドがリボソームの孔から出てきたところで、この疎水的なペプチドはただちに「シグナル認識粒子(Signal Recognition Particle＝SRP)」というタンパク質に認識され、つかまえられる。SRPに結合することによって、ポリペプチドの合成はいったんストップし、この状態のままで、小胞体の膜にあるSRPを認識する受容体と結合する(図4-3下段)。針の穴に糸を通すとき、つまんだ指の先に少しだけ糸を出して、穴にもっていくだろう。糸の先が長すぎてはうまく穴に入らない。そんなイメージである。

SRPがSRP受容体にくっつくと、SRPはシグナルペプチドから解離し、ポリペプチド合成が再開される。このときSRPによって導かれてきたポリペプチドはトランスロコンのチャネルに頭を突っ込んでおり、後は、リボソームがトランスロコンの上に〝座った〟まま翻訳を続けると、ポリペプチドは小胞体の中へところてんのように押し出されていくというわけである。シグナルペプチドはリボソームをトランスロコンのところまで誘導するのに必要であったので、もはや不要になり、シグナルペプチダーゼという切断酵素で切られて、機能に重要なポリペプチドの部分だけが小胞体の中に入ることになる。まことにシンプル、かつきわめて有効な輸送法だと感心せざるをえない。

これだけでも十分によくできたシステムなのだが、円滑に進行するためのさらなる工夫がいくつかある。ひとつだけ紹介しておくと、小胞体の内と外ではカルシウムなどのイオンの濃度や、酸化還元といった環境がまったく違うため、チャネルの孔が開いたままだとそれらのイオンや酸化還元の環境を保つことができず、細胞は死んでしまう。そこで、リボソームがチャネルにやってくる前は、ＢｉＰという小胞体分子シャペロンが内側から蓋をして、低分子物質の流出入を阻止している。チャネルのサイトゾル側にリボソームが座って蓋をすると、もはや栓をする必要がなくなるので、内腔側ではＢｉＰが外れて内部への道がひらかれるのである。

ほぼすべての分泌タンパク質は、このようなシステムで小胞体の中に輸送される。膜タンパク質の場合には、シグナルペプチドのほかに、ポリペプチドの内部に、別の疎水性のアミノ酸クラスターが存在し、翻訳後その部分は小胞体の膜の脂質二重層に組み込まれ、互いに疎水性なので安定に存在するようになる。このときトランスロコンのチャネル(孔)は、膜内で一部が扉のように開いて、合成途中の疎水性アミノ酸部分を脂質二重層に押し出しているらしい。こうして、小胞体の膜に組み込まれた膜タンパク質は、膜ごと細胞表面にまで輸送されて、シグナル受容体やチャネルなどの機能を果たすことになる。

糖鎖の付加——タンパク質の化粧なおし

トランスロコンを通って小胞体の中に入ってきたタンパク質は、考えてみればリボソームから出てきたポリペプチドと同じように、いまだフォールディングしていない新生鎖である。これを正しく折り畳み、機能型にしなければならない。この過程では、三つの反応が大切である。ポリペプチドに糖鎖を付加したり、それを削り取ったりする過程、アミノ酸のうちのシステイン同士を結合させる過程（これをジスルフィド結合と言う、六五頁参照）、そして分子シャペロンによるフォールディングである。

糖というとすぐに砂糖が思い出されるが、砂糖は通称で、化学的には蔗糖《しょとう》（スクロース）と言い、グルコースとフルクトースという糖が二個つながったものである。細胞内ではグルコースだけでなく、何種類もの違った糖が存在する。小胞体に入ってきたポリペプチドには、その中のアスパラギンというアミノ酸に、二個のN-アセチルグルコサミン、九個のマンノース、そして三個のグルコースという全部で一四個の糖がつながったものが、一挙に付加される。アスパラギン（一文字表記をするとN）に結合することからこれはN結合型糖鎖と呼ばれる。分泌タンパク質や膜タンパク質にはほとんどの場合、このN結合型糖鎖が付加されており、タンパク質が安定に機能するために重要な働きをしている。

小胞体の中でのフォールディング

小胞体における新生タンパク質のフォールディングにおいても、分子シャペロンが重要な働きをする。小胞体で働くシャペロンの代表的なものにカルネキシンがあるが、このシャペロンは膜タンパク質であり、フォールディングの際に糖鎖を認識して働くところが特徴的である。

カルネキシンは、最初に付加された糖鎖から小胞体内の酵素によって二個のグルコースが削られたもの、すなわちグルコースが一個だけになった糖鎖を認識する。ポリペプチドはカルネキシンの助けを借りてフォールディングするが、最後にひとつ残ったグルコースがやはり酵素によって切られると、グルコースを持たないポリペプチドはカルネキシンからはずれる。糖鎖がシャペロンによる認識のためのシグナルとなっているのである(図4-4)。

ここでポリペプチドが正しい構造へとフォールディングされていれば、これで完成ということで、タンパク質としてゴルジ体へ運ばれる。しかしまだフォールディングが十分完成していない場合には、再びグルコースが付加されて、もう一度カルネキシンに認識されフォールディングのやり直しとなる。小胞体で働くシャペロンはカルネキシンだけではないが、これは糖鎖の状態をモニターしながらポリペプチドのフォールディングを促進させる、精妙なシステムであることが分かるだろう。

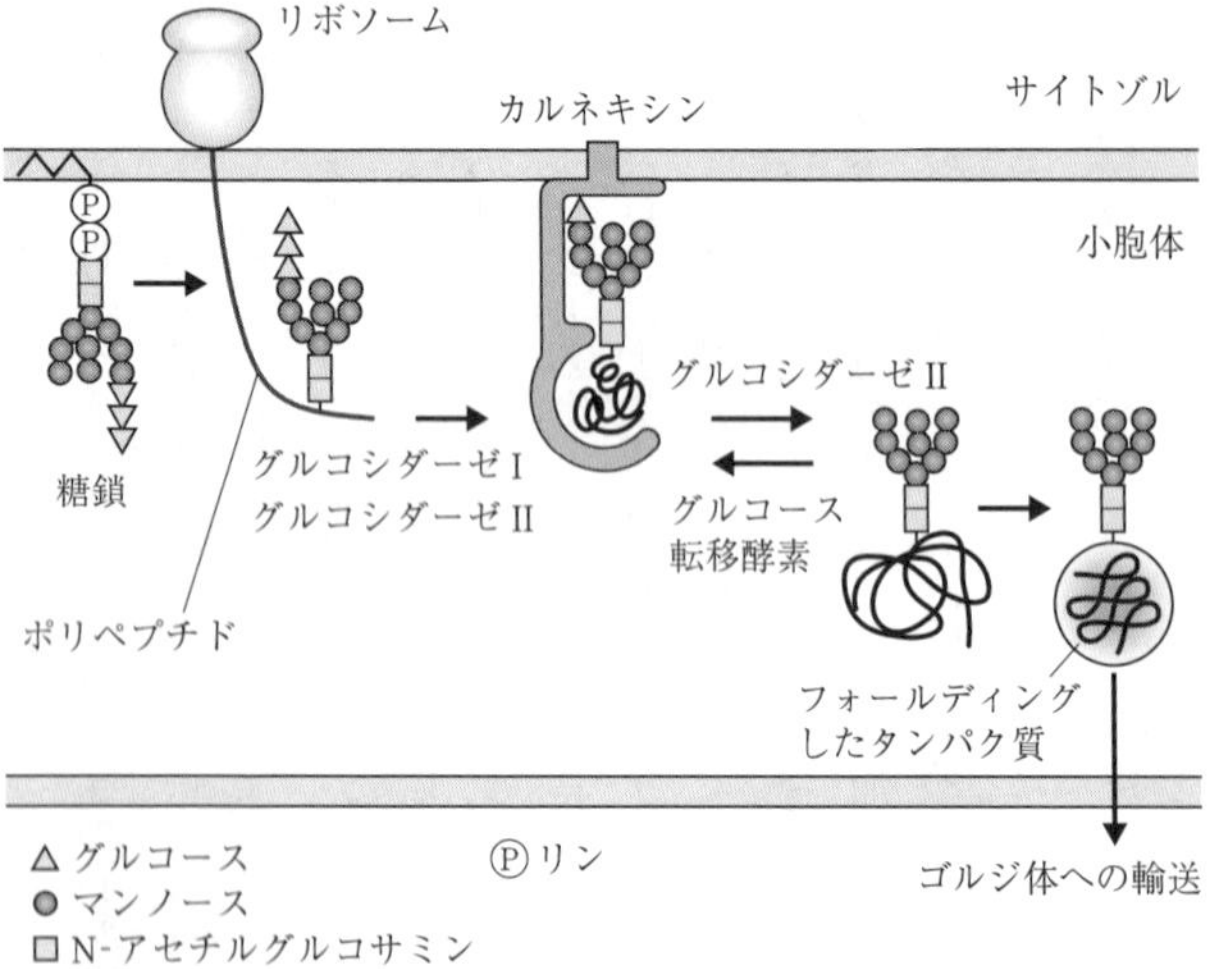

図4-4　カルネキシンによるフォールディング

クリップどめ——ジスルフィド結合形成

もうひとつ、正しいフォールディングを支える重要な反応が、システインどうしの共有結合である。ポリペプチドは一本のヒモである。フォールディングすると、水素原子のあいだに働く弱い力(水素結合)や、アミノ酸の持っている正負のそれぞれの電荷のあいだに働く静電的相互作用(イオン結合)、そして疎水性アミノ酸残基間の疎水性相互作用によって、構造を維持しようとする。しかし、これらは弱い力であり、もう少ししっかり留めておかないと解けてしまいやすい。そこでヒモが緩まないようにクリップでとめてやろうということになる。

ここで登場するのが、ジスルフィド結合と言われる共有結合であり、イオン結合や水素結合に較べて格段に強い力で原子どうしを結びつける。どの位置に、どれだけのシステインを含んでいるかはタンパク質の種類によってさまざまだが、それらシステイン同士が空間的に近い位置にくると、酵素によってシステインに含まれる硫黄原子間に共有結合が形成される。これは酸化反応によってできるものであり、強い還元状態にしてやらないかぎり、あるいは還元酵素が働かないかぎり結合が切れることはない。こうしてできたジスルフィド結合は、フォールディングしたポリペプチドがほどけてしまうことのないように、クリップあるいは針金のハンダ付けのようにしっかりポリペプチド同士を結びつけて、タンパク質の構造維持に重要な働きをしている。

細胞の「内なる外部」

このようにして小胞体で正しい構造を獲得したタンパク質は、小胞体からゴルジ体へ輸送されることになる。小胞体への輸送は、膜を通過する輸送、すなわち膜透過であり、シグナルから言えば「葉書型」であったが、小胞体からゴルジ体への輸送は「小包型」の「小胞輸送」という方法が用いられる。宛先は小包に荷札として取り付けられ、いくつもの積荷(カーゴ)を一度に詰め込んで運ぶことができる。

ところでこれまで細胞の「内と外」という言い方をしてきたが、細胞の中にも外があること

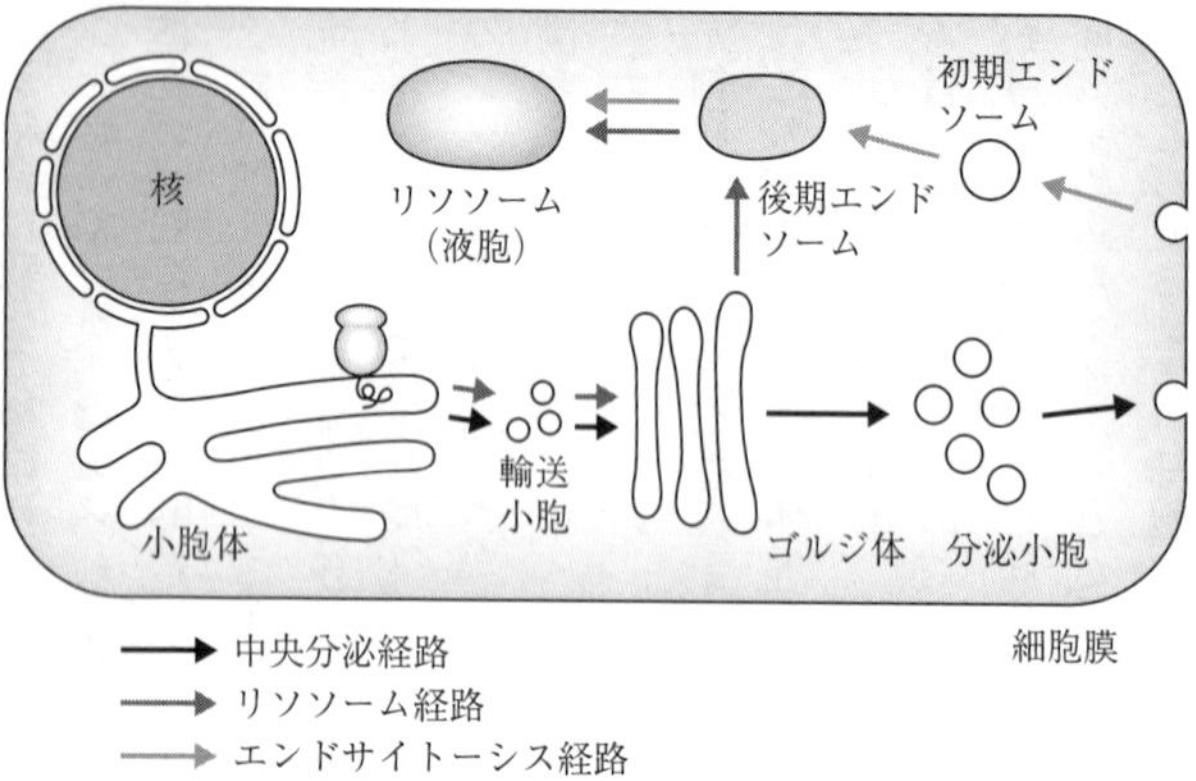

図4-5 中央分泌経路とエンドサイトーシス

はご存知だろうか。ふざけた言葉遊びのようだが、それが実はあるのである。あなたの胃の中はあなたの外か内かどちらか、と問いかけられれば、少し考えて、胃の中は外部だと答えるだろう。口は外部へ向かって開いているが、食道、胃、小腸、大腸、肛門まで、私たちの身体は内部に「外部」を抱え込んでいるのである。

図4-5にあるように、小胞体はそもそも、核のまわりの核膜が伸びてできたものである。第一章でみたが、核膜というのは元々、核がなかった原始細菌の細胞膜の一部がくびれて内側に入り込んでできたものであった(二四頁参照)。この核膜の一部が伸び、幾重にも重なった網の目のような構造をとるようになったものが小胞体である。

外と内を色分けしてみれば明らかだが、核膜の外膜と内膜のあいだの空間、ここは細胞の外部に相当する。外膜の一部が伸びだして作られる小胞体も、その内部は、細胞の外部に相当するのである。したがって、先に見たような小胞体の膜透過によるタンパク質の輸送は、実は細胞の内側から外側への物質輸送に対応したということになる。小胞体の内腔に入ってしまえば、トポロジー的には、タンパク質はもはや細胞の外にいることになる。

さて、小胞体から先の輸送は、基本的には小胞輸送によることになるが、これは小胞の内側に〈外部〉を抱えて、その〈外部〉を順々にそのまま輸送していく作業にほかならない。小胞体に入ったタンパク質は、その時点から、順に〈外部〉を移行していくことになる。

小胞体の膜がくびりとられてちぎれ、小さな小胞になるが、ゴルジ体の膜はこの小胞の膜と融合し、みずからの膜の中に小胞内の積荷を取り込む。したがってゴルジ体の膜の内側も同様に細胞の〈外部〉。ゴルジ体は図4-7(後出)のように数層になっており、そこを順番に積荷は移動していくが、この層の中ももちろんずっと細胞の〈外部〉で、ここからまた膜がくびれてできる分泌小胞の内側も〈外部〉。最終的に分泌小胞が細胞のいちばん外側にある細胞膜と融合して外へひらく、これで本当に「細胞の外」へ出たことになるわけである(図4-5中のリソソーム経路、エンドサイトーシス経路については後述)。

「小包型」の荷札——宅配便の便利さ

小胞体に入るまではタンパク質自体に宛先が書いてあったが、それ以降の輸送は「後はお任せ」方式である。個々のタンパク質は小包としてパッキングされ、袋に書かれた行き先に従って一括輸送される。細胞の中には膜に囲まれた多くのオルガネラがあるが、どのオルガネラに行くのか、間違わないように宛先を決めておかなければならない。そのための荷札として働くのが、二種類の膜タンパク質v-SNARE(v-スネアと読む)とt-SNAREである。v-SNAREのvは小胞という意味の英語(vesicle)の頭文字であるが、これが行き先を指定する宛名である。一方、t-SNAREのtはターゲット(target)のtであり、これは小胞の行き先のオルガネラに付いている番地あるいは表札と考えればいいだろう。

小胞輸送を、小胞体からゴルジ体までの輸送を例に説明してみよう。まず小胞体の膜がくびれて小胞を作るが、これを「出芽」と言う。出芽に際して、荷札となるv-SNAREが小胞の膜に組み入れられ、その一部は荷札として小胞の表面に露出している。もちろん小胞が作られるときには、その内部に積荷〈輸送されるべきタンパク質〉が梱包される。出芽した小胞は自分の持っている荷札に合致する番地・表札を持っている膜に出会うと、v-SNARE、t-SNAREの一対一の結合によって正しい番地を確認する。正しい番地であることを確認すると、ふたつのシャボン玉がひとつになるように小胞の膜はターゲットの膜と融合し、ひとつになる。

小胞の中身は行き先のオルガネラ、この場合はゴルジ体の膜の中に運び込まれることになる。

このv-SNAREとt-SNAREの対は、それぞれの膜ごとにさまざまなものがあって、どの膜をターゲットとするかによって、どのv-SNAREとt-SNAREを使うかも決まっている。一対一の確認が確実にできるような荷札として機能しているわけである。実際、細胞の中には、オルガネラの多様性に対応して、現在三〇種類以上のSNAREタンパク質があると考えられている。

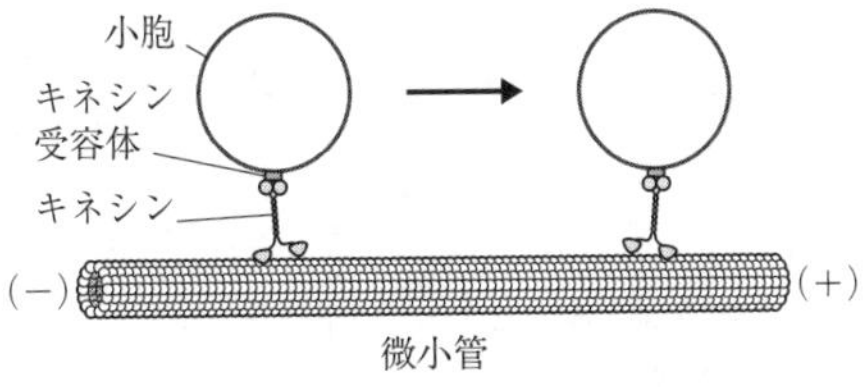

図4-6　モータータンパク質の働き

貨物輸送のレールとモータータンパク質

目的地の確認はこれでできるとして、そこへたどりつくまでのあいだも、小胞はただふらふら浮いているわけではない。できるだけすみやかに目的地へとたどりつくため、移動手段としてレールと貨車を用いている。細胞の中には、レールとして機能する微小管という線維が縦横に走り、その上をモータータンパク質が、貨物である小胞を背負って走り回っている(図4-6)。高度に発達した搬送インフラが整備されているのである。

細胞の中には、太さの違う三種類の線維が走っている。もっとも細いものが、直径六ナノメートル程度のミクロフィラメント(タンパク質アクチンが重合し、二本のらせん構造をとったもの)であり、もっとも太いものが、微小管で、これはチューブリンというタンパク質がリングを作りながら長くつながったものである(図4-6)。微小管の直径は約二五ナノメートル。その中間にあたるものが、中間径フィラメントと呼ばれるもので、一〇ナノメートルの直径を持っている。

微小管にはマイナスとプラスという方向性があり、この上をモータータンパク質が走る。この輸送システムにおける輸送路は、京都の市街のように格子状の道ではなく、広場方式あるいはターミナル駅方式である。ターミナル駅にあたるものが核の近くにある中心体(微小管形成中心)であり、微小管は中心体から放射状に伸びている。「すべての道はローマに通ず」である。

細胞内では中心体をマイナス端とし、周辺へ伸びる方向をプラス端とするように微小管が配列される。日本の鉄道はすべて東京駅を起点とし、東京から地方へ向かうのを下り、東京へ向かうのを上りと言っているが、細胞ではプラス端に向かう方向が下りということになる。

このレール上を走るモータータンパク質にはキネシンとダイニンという二種類があるが、キネシンはマイナス端からプラス端方向へ移動し、ダイニンはその逆向きに走る。ただし、キネシンには多くの種類があり、逆向きに走る変り者もいる。キネシンにもダイニンにも頭(ヘッド)と尾(テイル)があり、常に二つの分子が二量体として機能する。カイワレ大根のような形のふたつのヘッドで微小管に結合し、二足歩行のように歩いているという説と、そうではなく両方のヘッドが滑って動いているという説もあるが、詳しいことはまだ分かっていない。テイルには小胞が結合し、積荷を小胞という貨車に乗せてレール上を走って行く、これが小胞輸送の移動のメカニズムである。

細胞内交通の上りと下り

キネシンとダイニンは、その方向性の違いから細胞内交通の上り下りを分担している。小胞体からの分泌では、ゴルジ体の方へ荷物を運んでいくのがキネシンであり、ゴルジ体から小胞体へ逆行輸送(後述)するのはダイニンである。ミトコンドリアやリソソームのようなオルガネラを運ぶこともあり、分泌タンパク質の最終段階の積荷である分泌小胞を細胞の外へ運んでいくこともある。あるいは、神経細胞の中には、軸索と呼ばれる一メートルに及ぶような長い突起を持つものがある。種々の神経伝達物質を作るのは細胞の中心部の細胞体であるが、積荷を降ろすのは突起の先端部分でなければならない。この長距離輸送においても、キネシンおよびそのファミリータンパク質が使われている。同じレールの上を、別のモータータンパク質が逆方向に走ることもあり、それぞれ中心から周辺へ、周辺から中心へと物流を支えているのである。さらに最近では、この線路にはどうやら乗換駅も用意されていることまで分かってきた。細胞の端の方まで行くと、この微小管のレールから、ミクロフィラメントであるアクチン線維にのりかえて動く小胞もあるというのだ。

このように細胞の中にはレールがたくさんはりめぐらされており、細胞の中心から外へ向かう貨車と逆方向に戻ってくる貨車とが行き交い、積荷が両方向へ別々に輸送されるという、まことによくできたインフラ整備がなされているのである。ちなみに科学用語としてもこの「交通(トラフィック)」は普通に使われ、『トラフィック』という学術誌もあるほどである。

流通センター、ゴルジ体

分泌タンパク質が次に輸送されるゴルジ体は、いわば中継基地、流通センターのようなもので、ここで荷物の仕分けがされ、あちこちへ運ばれていくことになる。ここでおこなわれる大切な作業は、糖鎖を刈り込んだり、また付け加えたりという糖鎖の修飾をおこなうとともに、タンパク質の濃縮をして小胞の中に梱包したり、さらにタンパク質を目的地ごとに選別したりすることである。

ゴルジ装置は図4-7に示すように層板構造になっており、小胞体に近いほうから順に、シス槽、メディアル槽、トランス槽と呼ぶ。この層板構造を利用して、ゴルジ体では輸送がおこなわれる。小胞体からやってきた輸送小胞がゴルジ体にたどりつくと、まずはシスゴルジの膜

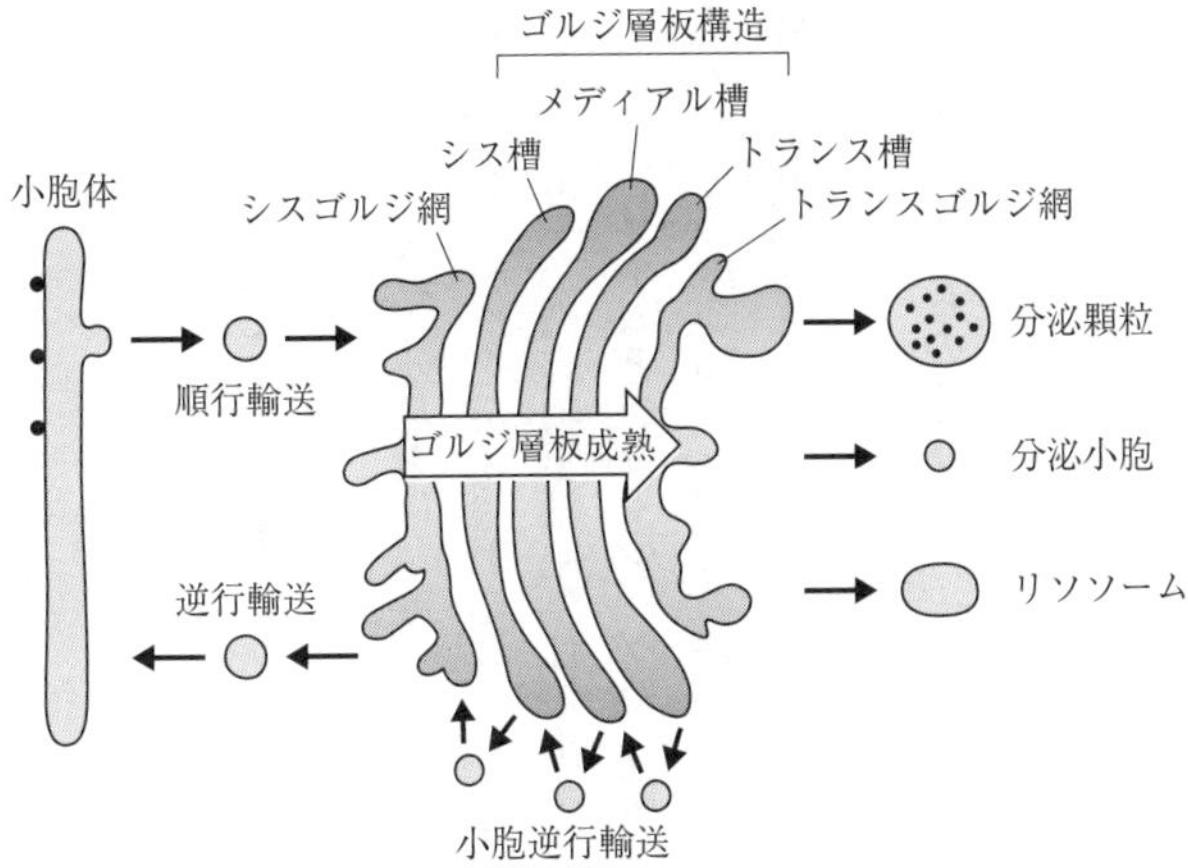

図4-7　ゴルジ体の模式図

に融合し(正しくはシスゴルジ網というシスゴルジ以前の構造があるのだが、詳細は省略する)、小胞内部の積荷はシス槽の内腔に入る。

ゴルジ体ではシス、メディアル、トランスの順に積荷は輸送されていくが、このゴルジ層板間の輸送も、しばらく前までは小胞輸送によるものと考えられていた。つまりシスゴルジ膜から小胞が出芽し、メディアルゴルジ膜に融合し、さらにメディアルから出芽し、という具合である。しかし、最近になって大きな概念の変更がなされ、積荷がいったんシスゴルジに入ってしまうと、後はゴルジ層板自体の成熟によって、小胞輸送を経ることなく、層板自体がメディアルゴルジ、トランスゴルジへと成熟していくと考えられるようになった。これを「ゴルジ層板成熟モデル」と呼ぶが、実験的な裏づけも得て、このモデルが定着しつつある。シス槽には、その先にあるメディアル槽から酵素が小胞輸送によって逆に流れ込んでくる。そのことによってシスゴルジがメディアルゴルジに成熟してゆくのである。

押し出されるようにトランスゴルジにまで「成熟」した層板からは、今度は再び小胞輸送によっていくつかのオルガネラへの輸送がおこなわれる。ひとつは細胞表層への積荷の輸送である。これを分泌小胞と呼ぶが、分泌小胞が細胞表層の膜と融合することによって、小胞内の積荷は、細胞外へと分泌されることになる。内容物をためこんだまま細胞内にとどまり、分泌刺激に反応して内容物を細胞外に放出する分泌顆粒もゴルジ体から配送される。また、ゴルジ体からリソソームというタンパク質分解センターへの輸送もある。分解すべきタンパク質や、分解のための酵素類などがこの経路でリソソームへ運ばれ、リソソームには分解を実行する分解酵素が貯蔵される。ゴルジ体はタンパク質の届け先を振り分ける、配送センターでもある。

ゴルジ体からの逆行輸送

一方ゴルジ体からの輸送には、順方向の輸送だけではなく、ゴルジ体から小胞体へと運び戻す逆行輸送も存在する。

逆行輸送の必要性のひとつは、膜の恒常性の維持である。小胞体の膜は、小胞輸送のたびに、小胞体からちぎりとられて、ゴルジ体へと供給される。小胞体では膜を構成するリン脂質が不足し、ゴルジ体では過剰になるだろう。解決策はゴルジ体の膜を、小胞体へ運び戻すことである。ゴルジ体から小胞体への逆行輸送は、このような膜の恒常性維持に必須なのである。

もうひとつはどうやら細胞の持っているいい加減さに由来するらしい。細胞の外へ運ばれる必要のある分泌タンパク質は、当然小胞体からゴルジ体へと輸送されなければならないが、これと一緒に小胞体の中で働くべきタンパク質、たとえば小胞体分子シャペロンなども、一緒に小胞に入って運ばれてしまう。積荷の選別は、かなりいい加減なもので、積荷と一緒に送らなくてもいいものまで一緒に梱包してしまうらしい。それでは小胞体内部で働かなければならないタンパク質がどんどん枯渇するのは目に見えている。ところが小胞体内腔で働くタンパク質には特別のシグナルがあって、ゴルジ体から小胞体へ運び戻されるようになっているのである。積荷の選別のいい加減さを、後のチェック機構の厳密さでカバーしようという戦略である。このようないい加減さとそれをカバーするバックアップシステムの厳密さは、細胞においては往々にして見られるもので興味深い。

小胞体で働くタンパク質は、N末端にシグナル配列を持っているが、一方でC末端(ポリペプチドの読み終わり部分)にリジン・アスパラギン酸・グルタミン酸・ロイシン(アミノ酸を一文字で表記するとKDELになるので、KDELシグナルとも言う)という「小胞体保持シグナル」

を持っている。ゴルジ体の膜には、このシグナルを認識するKDEL受容体タンパク質があって、この受容体によってKDELシグナルをつかまえたまま、小胞体への逆行輸送小胞に乗ることによって、KDELを含むタンパク質は再び小胞体へ運び戻される。つまり、シグナル配列だけを持っているタンパク質は細胞外に分泌されてしまうが、シグナル配列の他にKDEL配列を持っているタンパク質は、小胞体とゴルジ体のあいだを行ったり来たりして、結果的には小胞体で働くことができるというわけである。

積荷の選別の段階で厳密にチェックするのがいいのか、それともとりあえず適当に梱包して、輸送した後で、戻すものだけは逆行輸送によって戻すほうがいいのか、エネルギー効率の問題としては前者がいいようにも思われるが、どっちにせよ膜の脂質成分を運び戻す必要があるのなら、後者を採ってもいいわけである。あるいは、輸送にかける時間を短縮するために、一挙に梱包してしまって、その後で不要なものはおもむろに戻してやろうという戦略なのかもしれない。

外から内へ――エンドサイトーシス

これまでは中央分泌系を中心に細胞の外へ向かう輸送を見てきたが、実際の細胞では外部から物質を取り込む場合もある。その場合には、まず細胞膜の一部がくびれる。このくびれを作るためには、膜タンパク質同士が互いに相互作用することによって、膜を湾曲させる力を得る。そうして湾曲した膜の端が互いに融合すると、それは小胞となって細胞内に入ってくるのである。これをエンドサイトーシスと呼ぶが（前出、図4-5）、この段階では小胞の内部は、実は細胞の外部である。

エンドサイトーシスによってサイトゾルに入ってきた小胞は、細胞内の小胞、リソソームと融合する。ゴルジ体から後期エンドソームを通ってリソソームへ至る経路もありこれらはリソソーム経路と呼ばれる。リソソームには分解酵素が詰まっていて、タンパク質分解がおこなわれる。細胞表面にある各種のレセプター（受容体）などは、その基質と結合すると、エンドサイトーシスによって取り込まれ、リソソームで分解されてしまうものが多い。細胞表面にまで輸送され、レセプターとしてシグナルを細胞内に伝えるという役目を終えた後は、分解して再利用されるわけである。エンドサイトーシスによっていったん取り込まれたレセプターが、再び細胞表面に輸送されてそのまま再利用される場合もある。

細胞がみずから作り出したタンパク質を、細胞表面膜や細胞外に分泌する過程は大切であるが、その後始末として、そのようなタンパク質をもう一度取り込んで再利用するというシステムもまた、細胞にとってはなくてはならない大切な装置である。この逆方向の小胞輸送においてもまた、荷札として同じようにSNAREシステムが利用されている。

インスリンの分泌

分泌タンパク質の輸送経路を順に見てきたが、少し具体的な例をたどることによって、輸送の実際をイメージしてもらうことにしよう。インスリンとコラーゲンというふたつのよく知られた分泌タンパク質を取り上げることにする。

インスリンは、糖尿病という厄介な病気に絡んで、もっともよく知られたタンパク質のひとつである。インスリンは、膵臓にあるランゲルハンス島のβ細胞から分泌されるペプチドホルモンである。二一個のアミノ酸からなるA鎖と、三〇個のアミノ酸からなるB鎖が三つのジスルフィド結合でつながれた低分子タンパク質である。インスリンの作用は多岐にわたっているが、もっともよく知られた重要な作用は、血液中の糖を利用したり、貯蔵したりするための、細胞への糖の取り込みの促進作用であろう。食物を摂取すると、炭水化物などはブドウ糖に変えられ、血液中の糖の量(血糖値)は上昇する。この血糖値の上昇を感知して、β細胞はインスリンを急激に分泌する。このペプチドホルモンが血液中のブドウ糖の細胞内への取り込みを促進することによって、血糖値を調節しているのである。血糖値は通常は一デシリットル中に七〇〜一二〇ミリグラムの範囲に調節されているが、これ以上に血糖値が上がると糖尿病の危険にさらされることになる。糖尿病は、インスリンが正常に作られなくなったり、分泌に異常を

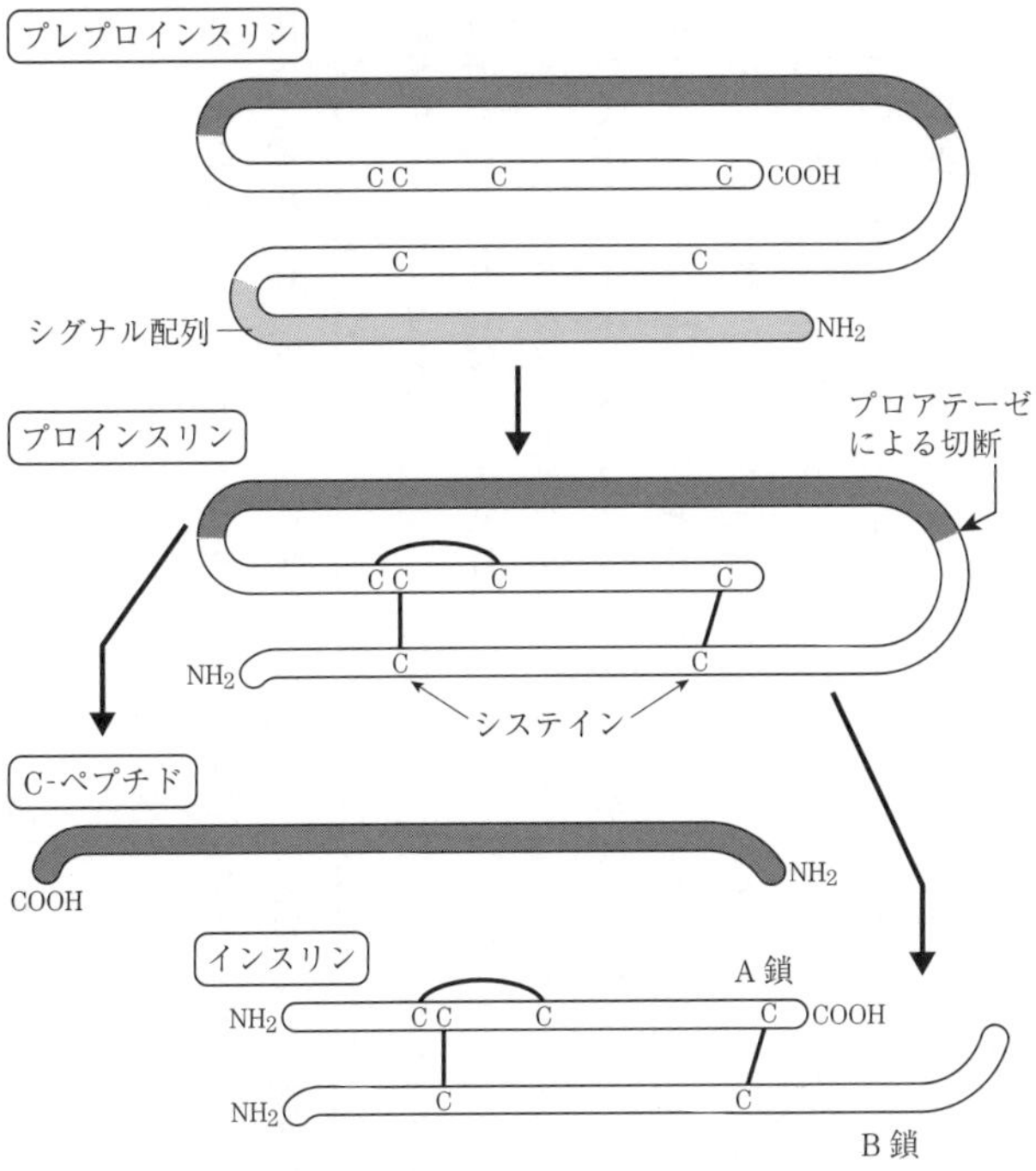

図 4-8　インスリンの翻訳後プロセシング

きたしたりすることによって、量的に不足することに起因するI型糖尿病と、インスリンは分泌されているのだが、それが効かなくなること（インスリン抵抗性）に起因するII型糖尿病に分けられる。

インスリンが分泌される過程を見てみよう（図4-8）。作られたばかりのポリペプチドをプレプロインスリンと呼ぶ。N末端にシグナル配列があるので分泌系（小胞体）に入るが、C末端にはKD

ＥＬ配列がないので小胞体にとどまることができず、細胞外に分泌される分泌タンパク質であることが分かる。

小胞体に入ると、まずシグナル配列がシグナルペプチダーゼによって切られて、プロインスリンとなる。次に六個のシステイン(C)間に三対のジスルフィド結合が作られ、これがゴルジ体へと輸送されると、プロテアーゼ(ペプチドの切断酵素)の働きで、一本のヒモ状であったアミノ酸のつながりが、二カ所で切り離され、C-ペプチドと呼ばれる部分が除去されてしまう。血液中でインスリンとして働くのは残りのA鎖およびB鎖のみとなる。普通、一本のヒモが二カ所で切断されれば三つの断片に分かれてしまうはずだが、ここでさきほどのクリップとしてのふたつのジスルフィド結合が効いてくる。図4-8からも分かるように、C-ペプチドをのぞいた二本の断片はジスルフィド結合でつながれているため、ひとつの分子として機能することができるのだ。この、A鎖とB鎖がジスルフィド結合でつながれたものがインスリンとして血液中に分泌され、機能することになる。切り離されたC-ペプチドはその後、分解されてしまうが、C-ペプチドの存在の意味、その機能についてはまだよく分かっていない。

このようなジスルフィド結合は、ポリペプチドが翻訳されて合成された後にできる結合なので、翻訳後修飾と呼ばれる。インスリンのジスルフィド結合形成は必須の翻訳後修飾である。後述するように秋田マウスという糖尿病のモデルマウスがいる。このマウスでは九八番目のシ

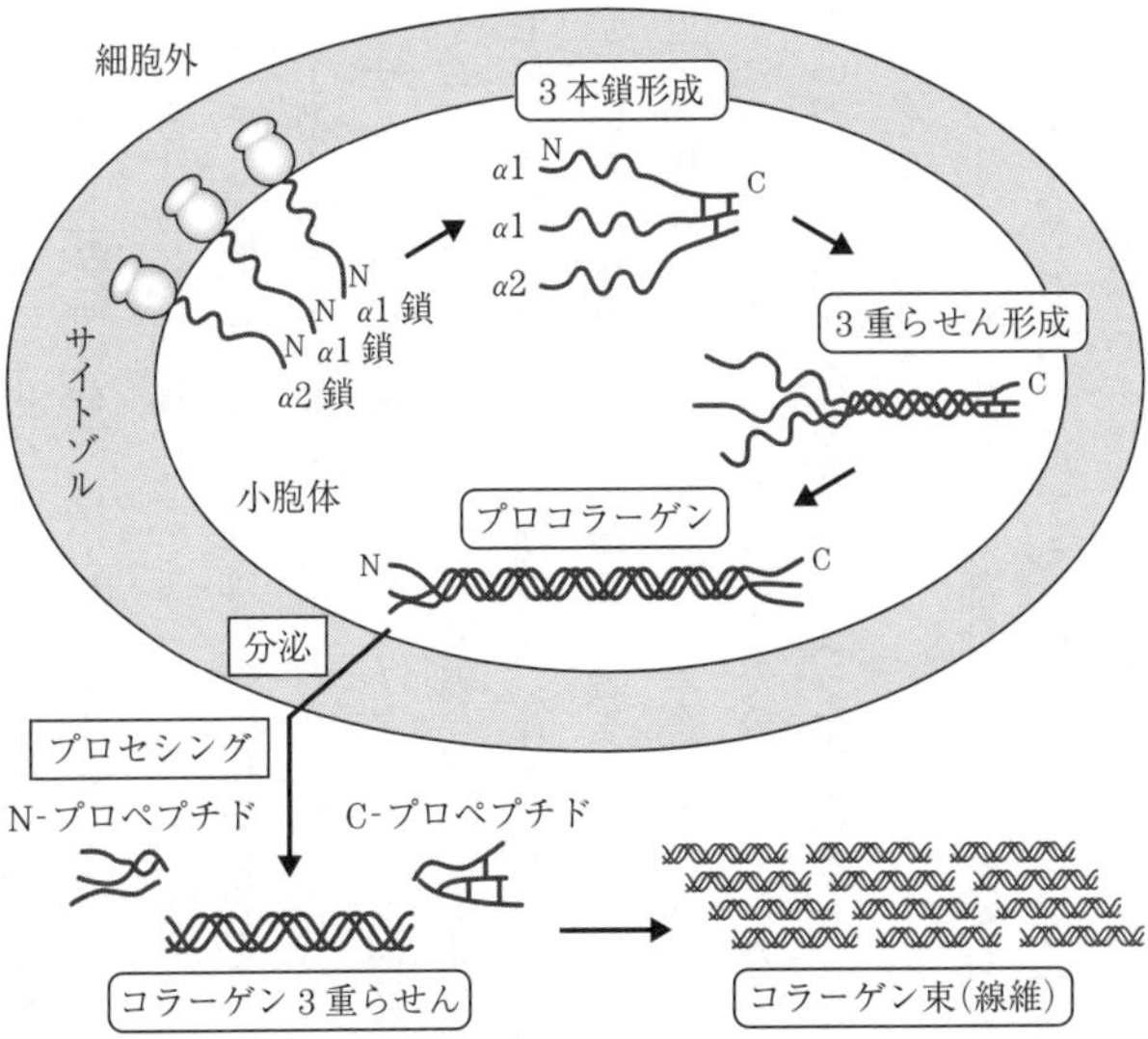

図4-9　コラーゲンの生合成

ステインに突然変異が起こっており、ジスルフィド結合を形成できないために、正しいインスリンの分泌が起こらなくなり、糖尿病を発症する。翻訳後修飾はジスルフィド結合にかぎらず、シグナルペプチドの切断や、糖鎖の付加など多くのものを含み、ゴルジ体でインスリンが二カ所切断されるのもまた、プロセシングと呼ばれる翻訳後修飾のひとつである。

コラーゲンの合成

次に、コラーゲンをとりあげてみよう(図4-9)。コラーゲンは私たちの身体の中でも、もっとも大量に存在するタンパク質であり、実に全タンパク質重量の三分の一を占める。細胞と細胞の間隙を埋めるように存在する結合組織にはⅠ型コラーゲンが、上皮細胞を正しく配向させるためのカーペットのような基底膜にはⅣ型コラーゲンがというように、組織によってコラーゲンの型が異なり、現在二七型まで知られている。量的にも、そして機能的にもそれほどの種類が必要だということである。

Ⅰ型コラーゲン分子は、二本のα1鎖(ポリペプチド鎖である)と一本のα2鎖の計三本が、らせん状に巻いた構造をとる。インスリンと同様シグナルペプチドを持っているので、リボソームごと小胞体へと運ばれ、翻訳と同時にポリペプチドは小胞体の中に挿入されていく。コラーゲンはひじょうに長い分子で、各鎖は一〇〇〇個以上のアミノ酸が連なってできているのだが、いちばん最後のC末端まで読まれた後にはじめて、C-プロペプチドと呼ばれるC末端に近い領域で三本の鎖が結合し、三本鎖を形成する。なぜα1鎖が二本、α2鎖が一本と、二対一になる必要があるのかはいまだ分かっていないが、C-プロペプチド内で、それぞれの鎖のあいだがジスルフィド結合によって連結され、その後、C末端から順に三本の鎖がらせん(ヘリックス)を巻いていく。

コラーゲンの三重らせん部分のアミノ酸配列には著しい特徴があって、基本的にはグリシン-X-Y(XとYはどのアミノ酸でも可)という三つのアミノ酸が延々と繰り返される。Ⅰ型コラーゲンの場合であれば、この繰り返しが三〇〇回以上続く。XとYの位置にはプロリンがくることが多く、Y位にくるプロリンはたいていの場合、水酸化（水酸基の付加）されている。この水酸化は三重らせん構造を安定化する。これらはすべて翻訳後修飾である。正しく三重らせん構造をとった分子だけが小胞体からゴルジ体へ輸送され、さらに細胞外に分泌される。

シグナルペプチドが切れる前のものをプレプロコラーゲン、切れた後のものをプロコラーゲンと呼ぶが、これにはまだ、N末端とC末端に、それぞれN-プロペプチドとC-プロペプチドという余分なポリペプチドがついている。これらプロペプチドは細胞の外にでると、はじめてそこで切り取られ、三重らせんの部分のみが残されてコラーゲンとなる。その後は、三重らせんコラーゲン分子がそれぞれ少しずつずれながら束を作り、端に少しのりしろがあるところに次の三重らせんがつながっていく。これがコラーゲンの線維となる。I型コラーゲンの場合はこのコラーゲン線維が結合組織を縦横に走るが（図1-2参照）、Ⅳ型コラーゲンの場合は、網の目のように集合し、他のタンパク質と複雑に絡み合いながら、基底膜という膜構造を作る。

私たちの身体の中でもっともたくさん存在するタンパク質であるコラーゲンは、これだけの過程を経てようやく合成される。コラーゲンや何種類かのタンパク質は、細胞外に分泌された後、細胞外に蓄積し、細胞外マトリクス（基質）を作る。フィブロネクチンやラミニンなどの分子量の大きなタンパク質とともに、コラーゲンは細胞外マトリクスの主成分である。

コラーゲンは発生にとって必須のタンパク質であるから、それが作られなくなるような遺伝的変異の場合には、胎児は胎生致死（胎児のあいだに死亡）、あるいは出生直後に死亡することが多い。また、コラーゲン分子中に突然変異などがあると、さまざまの遺伝病が現われる。骨形成不全症は骨の主成分であるI型コラーゲンに変異が起こり、正常に骨形成が進まなくなる病気。エーラス・ダンロス症候群ではI型、III型コラーゲンなどに異常が起こり、血管が破れやすくなったり、皮膚が異常に伸びたり、指関節などが反対側に異常に曲がるようになったりする。コラーゲンは遺伝病のもっとも多く報告されているタンパク質のひとつである。

余談ながら、美容や健康に効果があるとしてコラーゲン入りの健康食品等が多く販売されているけれども、それは本当に効果があるのだろうか。コラーゲンを摂取することで、それがそのままコラーゲンの補充（サプリメント）ででもあるかのような宣伝をよく見かけるが、食品として摂取したところで、それは消化器官を通じていったんアミノ酸へと分解されたのちに栄養素として再利用されるので、コラーゲンの形のままで吸収されることはありえないのである。せいぜい原料になるアミノ酸を体内に増やすという効果はあるかもしれないが、あらためて上記のような複雑な過程を経てコラーゲン線維へと合成されないかぎりは、タンパク質としての機能を持たないことは明白である。

ＨＳＰ47の発見

先に述べたコラーゲンの合成・分泌過程は古典的なものであり、どの教科書にも載っている。しかし、この古典的なコラーゲン合成の過程にも分子シャペロンが関与していることが明らかになった。これは実は私が発見した分子シャペロンである。ちょっと休憩というつもりで、少しこの風変わりなシャペロンの話をしておきたい。

一九八四年、私はアメリカのＮＩＨ(国立衛生研究所、具体的にはＮＩＨの中の国立がん研究所、ＮＣＩ)に客員准教授として留学した。そこで偶然発見したのが、後にＨＳＰ47と名前をつけることになったこのタンパク質である。研究の進展には長いストーリーがあるのだが詳細は省略するとして、コラーゲンの受容体(レセプター)を細胞表面に見つけようとスタートしたのが、ＮＩＨでの研究の発端であった。今ではインテグリンと呼ばれている細胞外マトリクスタンパク質の受容体は当時はまだまったく知られていなかった。コラーゲンに結合するタンパク質として見出したこのタンパク質は、幸か不幸か受容体ではなく、小胞体に局在するタンパク質であった。次に、熱をかけるとこれが誘導されることを見出し、先に述べたような熱ショックタンパク質の一種であることが分かったが、その機能をつきとめるまでに、さらに一〇年を要した。このＨＳＰ47の遺伝子をクローニングし、さらにＨＳＰ47を作る遺伝子だけをノックアウトした(特定の遺伝子だけを人工的に破壊した)マウスを作って、これが発生に必須の遺伝子だということを確認し、しかもコラーゲン合成にかかわるシャペロンだということまでをすべて証明できたのは、なんと二〇〇〇年のことである。あらためて、新しい研究には長い時間がかかるものだという感慨を抱かざるをえない。

HSP47を作る遺伝子をノックアウトしてやると、コラーゲンの構造の異常のために、マウスは受精後一〇日あまりの後に、胎児のまま死んでしまう。死んだマウスの細胞を取り出してきて試験管で培養し、コラーゲン合成の状態を調べてみると、正しい三重らせんが形成されていないことが分かった。太いコラーゲン線維ができず、枝分かれしたようなものしか作れないのである。これはI型コラーゲンの異常によるが、HSP47はI型だけではなく、II型やIV型コラーゲンにも必須であり、HSP47という一個の遺伝子を破壊しただけで、II型コラーゲンを主成分とする軟骨や、IV型コラーゲンを主成分とする基底膜など、どれも作られなくなる。HSP47はコラーゲンの正しいフォールディングに必須の分子シャペロンなのであった。

発見の当初、HSP47が「コラーゲンだけに特異的に働く分子シャペロン」であるということは、専門家の間でもなかなか信じてもらえなかった。「特定のタンパク質にだけ働くシャペロン」という概念がそのころはまだなかったのである。なぜ特定のタンパク質にだけ、それ専用のシャペロンが必要なのか、という疑問である。あちこちの国際学会に呼ばれて講演はするのだが、それが分子シャペロンであることはなかなか信じてもらえず、悔しい思いをしたものだ。その後「基質特異的」、つまり特定のタンパク質にだけ働くシャペロンという概念が定着し、その第一号としてＨＳＰ47もようやく教科書に載るようになった。

　発見から二〇年がたち、分かったことはほんのわずかだと思う反面、どんなに時間がかかろうとも、自前で発見した遺伝子・タンパク質について研究を進められることの幸せも改めて感じる。オリジナルに発見した遺伝子は、他に研究している人が世界にも少ないため、どうしても研究の進展は遅くなるが、人の尻馬にのらずに研究のアイデンティティを確立していくことは、研究のスピードよりもむしろ重要なことであり、また研究の醍醐味であろうと思っている。歩みはのろかったが、科学者の言う「クレジット」、つまりその仕事の独自性あるいは誉れというものについては、ＨＳＰ47は私たちの研究グループにあり、ひそかに誇りに思っているタンパク質である。

分子シャペロンと病気

　このＨＳＰ47遺伝子を研究しているところは今ではたくさんあって、特に臨床系の研究者に注目されているようだ。肝硬変や、肺線維症、動脈硬化、ケロイドといった「線維化疾患」は、コラーゲンが異常にたまる病気であり、現在のところ有効な治療法のない難病中の難病である。

　肝硬変は、コラーゲンが肝臓に異常にたまってしまう病気である。間質性肺炎が進行すると肺線維症に至るのだが、これもコラーゲンの蓄積が引き起こす病態であり、呼吸困難を起こすとともに予後がきわめて悪い。

これらの病気においては、ＨＳＰ47が急激に誘導されてくることを私たちのグループが明らかにした。コラーゲンを作るのにＨＳＰ47が必要だから誘導されるのだが、この場合はコラーゲンの異常な合成・蓄積に手を貸している、つまり私たちの健康にとっては害になっているのである。それを逆手にとれば病気の治療法ともなると期待される。つまり、何とかＨＳＰ47の合成を抑制し、それによって線維化疾患をおさえられないか、治療できないかという戦略である。私たちのグループでは、ＨＳＰ47の合成を抑制する方向と、ＨＳＰ47がコラーゲンと小胞体の中で相互作用するのを阻害する方法によって、この病気の治療法へのアプローチを試みている。実際、マウスの腎線維化のモデルでは、ＨＳＰ47の発現を抑えてやることで、線維化の進行が遅くなることをすでに報告している。

ミトコンドリアへの輸送

「タンパク質搬送の細胞内インフラ」を扱う本章の最後に、ミトコンドリアへの輸送と核への輸送を見ておくことにしよう。まずはミトコンドリアから。

ミトコンドリアは、動物細胞の場合、ひとつの細胞に一〇〇～二〇〇〇個存在しており、そのそれぞれについて、ミトコンドリア内部へとタンパク質を運び込む方法を独自に備えている。

ミトコンドリアには外膜と内膜があって、第一章で述べたように、内膜のタンパク質の一部だけはミトコンドリアのDNAが情報を担っているが、外膜のタンパク質をはじめとする、ミトコンドリア全体のほとんどのタンパク質は、宿主細胞のDNAから作られて供給されている。ミトコンドリア全体のほとんどのタンパク質は、宿主細胞のDNAから作られて供給されている。ミト共生を始めて、それらの遺伝子を宿主に依存するようになったからである。そこでサイトゾルからミトコンドリア内部へのタンパク質輸送のインフラ整備が、重要な問題としてクローズアップされる。

内膜のタンパク質はミトコンドリアDNAが作っているとは言うが、ミトコンドリア自身はなまくらを決めこみ、mRNAを作るための転写装置もタンパク質に翻訳するためのリボソームも、みんな核由来のタンパク質に依存している。もはや核からタンパク質の供給を受けなければ、ミトコンドリアの生存は不可能なのである。

ミトコンドリアは膜に包まれているので(図1-6参照)、その輸送が膜透過であることは小胞体の場合と変わらない。しかし、小胞体の膜透過輸送が、ポリペプチドの翻訳と共役した輸送であったのに対し、ミトコンドリアにおける膜透過輸送は、ポリペプチドをすべて合成し終わった後でおこなわれる。この輸送を、翻訳が終わってからの輸送なので、翻訳後輸送と呼んでいる。ミトコンドリアが後から細胞の中に共生し始めたため、小胞体のような効率的なシステムを作れなかったことによるものかもしれない。

ミトコンドリアの膜にもチャネルが存在し、このチャネルのあいだをすべて合成の終わったポリペプチドが通っていく。しかし、膜透過の前にフォールディングしてしまうと、細いチャネルを通ることはできない。そのため、分子シャペロンがポリペプチドに結合し、サイトゾルでは一本のヒモ状のポリペプチドとして保持している。つまり、「構造をとらせない」ためにも、分子シャペロンが働いているのである。分子シャペロンは、構造の形成（フォールディング）にも貢献するし、ある場合は構造を解くこと（アンフォールディング）にも寄与する。

中に引き込む爪歯車

ミトコンドリアへ輸送されるタンパク質の場合も、膜透過であるから、ミトコンドリアへ行けというシグナルが必要である。このシグナルも同じくポリペプチドのN末端に付けられている。ミトコンドリア外膜のチャネルの近傍には、シグナルペプチドの受容体として働くタンパク質が存在し、ポリペプチドは、このチャネルを通って、ミトコンドリアへ輸送される。最終的に外膜へ向かうタンパク質、内膜へ向かうタンパク質、ミトコンドリアの内部（マトリクスと言う）へ向かうもの、あるいは内膜と外膜のあいだの膜間スペースで働くものなど、いくつもの経路があり、それぞれのタンパク質の種類によって仕分けされる。

小胞体への輸送の場合は、リボソームが押し出す力によってポリペプチドは小胞体内腔へと強制的に押し込まれたが、ミトコンドリアの場合はすでにリボソームとは離れているので、押し込む力がない。狭いチャネルの孔を通すときに、押し込む力がないのははなはだ不安定である。

ここで働くのが、ミトコンドリアの中のシャペロン、mHSP70（mはミトコンドリアを示す）である。HSP70はサイトゾルの代表的シャペロンであるが、その仲間は小胞体にもミトコンドリアにも存在する。このmHSP70が、ミトコンドリアの中に入ってきたポリペプチドに結合し、入ってきたポリペプチドが逆向きに出て行くことがないように歯止めとして働く。ポリペプチド自体は、チャネルの内向きと外向きの両方向へ出たり入ったり、ブラウン運動（分子の揺らぎ）をしていると考えられるが、mHSP70は、その逆向きの動きだけを抑えることができる。ポリペプチドをつかまえたままでしばらくブラウン運動をしているうちに、ポリペプチドはまたもう少し膜の内側に入り込んでくる。そのときに新しく中に入ってきた部分を別のmHSP70がつかまえれば、その部分より逆戻りすることはなくなる。さっきよりは全体としてポリペプチドを内部に引き込んだことになるのである。

このような作動モデルをブラウニアン・ラチェットモデルと呼ぶ。ラチェットというのは爪歯車のこと。時計の内部を見ればよく分かるが、歯車の一刻みごとに抑え爪（歯止め）が噛みこみ、逆回転を防ぐ装置である。この場合のmHSP70も同様に、中に入ったポリペプチドを入ってくるたびにつかまえ、歯止めとして逆流を抑えることによって、結果的に中へ引き込む作用をしているのである。HSP70とポリペプチドの結合解離にはATPの加水分解が必要である。

こうして引き込まれたポリペプチドは、ミトコンドリアの中で、また分子シャペロンの助けを借りてフォールディングをおこなう。同じ種類のシャペロンが、共同して働くパートナーを変えることによって、ミトコンドリアの外(サイトゾル)ではフォールディングを抑えるように働き、中に入るとフォールディングを促進するように働く。実にうまくできている。

出入り自在の核輸送

最後に登場するのが、核輸送である。DNAからRNAに遺伝情報を写し取るときに必要な転写因子や、RNAポリメラーゼなど、核の内部で働くべきさまざまなタンパク質も、作られるのはサイトゾルなので、サイトゾルから核膜を通じて核の中へと輸送される必要がある。

核膜を通って核の中へとタンパク質を運び込むのももちろん膜透過なのだが、ほかのオルガネラの膜とはちがって、核の表面には核膜孔という直径一〇〇ナノメートル程度の孔が、酵母では一〇〇個程、哺乳類細胞では二〇〇〇個程度あいている。ミトコンドリアや小胞体の膜のチャネルは直径一〇ナノメートル程度なので、構造をとる前のポリペプチドしか通ることができなかったが、核膜孔は大きいため、タンパク質がフォールディングして構造をとった後に輸送することができる。これがほかの膜透過との大きな違いである。この核膜孔自体、およそ三〇種類ものタンパク質からなる、きわめて複雑な構造をとっている。

通過のプロセスをみてみよう(図4-10)。核輸送の場合も、裸のままの輸送であるから、「核行き」のシグナルは、アミノ酸配列としてタンパク質自体に書き込まれている「葉書型」である。このシグナルを核移行シグナル(Nuclear Localization Signal＝NLS)と言う。小胞体やミトコンドリア行きのシグナルは、必ずポリペプチドのN末端に書かれていたが、核移行シグナルの場合は、分子の外側に露出さえしていれば、どの位置にあってもシグナルとして認識されるらしい。NLSを認識する分子はインポーチンαというタンパク質であり、NLSをもったタンパク質と結合する。インポーチンαに結合したインポーチンβという輸送タンパク質によって、この複合体は核膜孔を通過する。核の中に入る

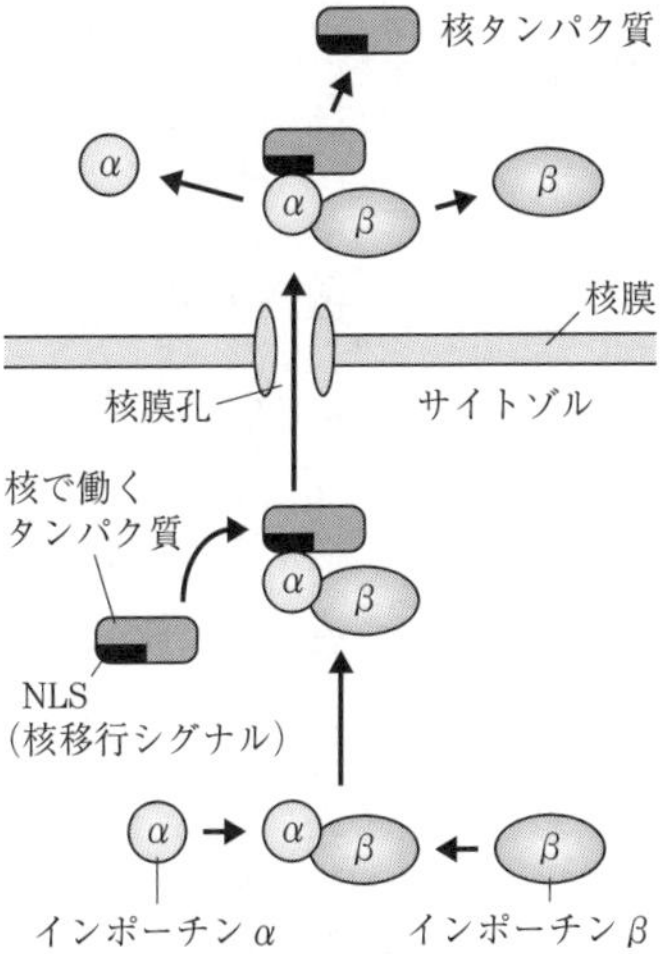

図4-10　核輸送のプロセス

と、NLSを持ったタンパク質はインポーチンα、βから解離して、核の中でそのタンパク質固有の機能を果たすことになる。一個の核膜孔を通過するタンパク質の数は一秒間に一〇〇〇個程度とする見積もりがある。

核には、運び込むだけでなく、外へと排出するためのシステムも必要である。タンパク質の中には、ある場合にだけ核で働き、用が済めばサイトゾルへと運び戻されるというものも多く存在する。そのような核からサイトゾルへ戻せという場合にもシグナルが必要であり、そのシグナルを認識するタンパク質もまた存在する。核外排出シグナルというシグナルがそれで、それを認識し、運び出すのに働くタンパク質はエキスポーチンと呼ばれる。インポーチンとエキスポーチンは一部働きを共有し、搬入と排出がうまく共役した見事なシステムを作っているのだが、その機構をこれ以上説明するのは、あまりに専門的になるのでこのくらいにしておこう。

輸送インフラは生命維持の基盤

農業や漁業、林業などの一次産業によって生み出された生産物も、それが国家の隅々にまで行きわたらなければ国家経済は破綻する。「すべての道はローマに通ず」という言葉は先にも引用した。古代ローマにおける交通網の整備は、その時々の執政官や皇帝のもっとも腐心したところであるという。今でもアッピア街道を走れば、古代ローマの馬車の響きが聞こえそうな気がする。古代ローマでは主として軍事のための交通網の整備であったようだが、近代国家においても、生産された物資が効率的に、それを必要とする地域に運ばれてはじめて産業的にも経済的にも意味を持つものであることは、何ら変わることはない。

そのような経済効率は、細胞においてもまた然りである。一次産業として生産されたタンパク質も、それを必要とするオルガネラ、それが働くべき場所に輸送されてはじめて、作られた甲斐があるというものであり、そのため細胞内には、近代国家顔負けの見事な搬送インフラが整備されている。この章では、そのような輸送システムをざっと見てきた。

輸送されるタンパク質には、必ず行き先が書かれる必要がある。それはポリペプチドに直接書かれる「葉書」型の場合と、小胞という小包に荷札が付けられる「小包」型の二通りがあるが、いずれにせよ、それを読み取る分子(それもまたタンパク質)が存在する。読み取るだけではなく、運ぶシステムもなかなかのものである。微小管というレールの上を、貨物を積んだ列車が上りと下りの双方向に走りまわっている。

本当は、この輸送方式だけでも一冊を費やして説明すれば、さらにその機構の精巧なことに驚くだろうが、それはこの本の目的を逸脱してしまうだろう。次の章では、このようにして働き場所を得たタンパク質が、最後にどのような一生を終えるのか、「タンパク質の死」について見ることになる。

第五章　輪廻転生——生命維持のための「死」

不老長寿の夢

不老長寿は人類の見果てぬ夢であった。秦の始皇帝が道士の徐福に命じて蓬萊《ほうらい》の国にいる仙人を連れてくるよう命じたのは、不老不死を得んとしたためであったし、日本最古の物語と言われる『竹取物語』でも、求婚者にかぐや姫が命じた宝探しのひとつは、「蓬莱の玉の枝」すなわち不老不死を得るための仙薬であった。あるいはスウィフトの『ガリバー旅行記』で、ガリバーが訪れた国のひとつは、不死の国。しかし、その理想郷とも期待される不死の国は、実は老醜をひたすら耐えるだけの国であった。若くあれば不死も楽しかろうが(それでも退屈するかもしれない)、老いて、身体の隅々の障害に悩み苦しみつつも、なお死ぬことができない。これほどの苦痛が他にあろうか。人々はひたすら死を願い、死にゆく人々を羨むありさまであった。

いったん作られたタンパク質が分解される(死ぬ)ことがなければ、食料に悩むこともなく、生物はもっとゆったり生きることができそうである。しかし、現実にはタンパク質には寿命がある。寿命どおりに死んでいってもらわねば困るのである。タンパク質の構造は、いちおうエネルギー的にはもっとも安定な構造へとフォールディングしているが、たとえば酵素などの場合は、常に酵素反応の過程で部分的な構造の変化、あるいはゆらぎが起こっている。もしタンパク質が適当な時期に死んでくれなければ、そのような構造変化の結果として、構造に歪みが生じたり、ミスフォールディングしたりといった、いわば老化したタンパク質が細胞に蓄積することになる。そのような異常な構造を持ったタンパク質の蓄積は、最後の章で詳しく見るように、すぐさま病気につながってしまうのである。タンパク質に寿命のあることは、常に新鮮な活力のある働き手としてのタンパク質を保証するという意味で、生体にとってきわめて重要なことである。

タンパク質の寿命

大腸菌が持っているタンパク質の中には、作られてから壊れてしまうまで、ほとんど数十秒しかもたないものもあるらしい。ある種の転写因子などがその例である。大腸菌がアミノ酸をポリペプチドへとつなげていくスピード自体はだいたい一秒間に十数個なので、三〇〇個のアミノ酸が並んだ一個のタンパク質を作るためには少なくとも数十秒かかることになる。それがたった数十秒で壊れてしまうのには、もちろん何かしら壊れなければならない理由があるからだろうが、それにしてもタンパク質の合成から分解へというプロセスがひじょうに迅速に制御されていることが分かるだろう。

私たちヒトも含めて真核生物が持つタンパク質は、本書の最初に述べたように五～七万種類くらいあると言われている。それぞれのタンパク質の寿命はさまざまで、いま分かっている限りでも、数分というひじょうに短い寿命しか持たないものもあれば、筋肉を作っているミオシンや、赤血球の主成分で酸素を運搬するヘモグロビン、目のレンズを作っているクリスタリンなどのように、数十日から数カ月の寿命を持つものもある。両者を単純に比較すれば、寿命の差は一万倍以上に及ぶということになる。

入れ替わるタンパク質

なぜタンパク質によってこんなに寿命に差があるのか、また何がこの寿命を規定しているのかはまだよく分かっていない。しかし重要なのは、ほとんどのタンパク質が、古いものが壊されて新しく作られたものと入れ替わるという代謝のサイクルを持っているということである。身体のあちこちで、作っては壊し、作っては壊しという作業が日常的におこなわれている。

私たちヒトの身体は、体重のおよそ二割弱がタンパク質であると言われている。つまり、体重七〇キロの人はそのうちおよそ一〇キロ程度がタンパク質だということだ。さらに一日あたり、そのタンパク質のうちおよそ二〜三パーセント、約一八〇〜二〇〇グラムが古いものから新しいものに入れ替わっていると言われている。毎日三パーセント入れ替わるとすると、およそ三カ月で体内のタンパク質はほぼすべて入れ替わるということになる。つまり、タンパク質に関して言えば、私たちは三カ月で別人になってしまうということなのである。

日々生まれ変わる細胞

このことは、実はタンパク質に限らない。細胞のレベルにおいても、一年経つと、身体を構成する全細胞の実に九十数パーセントが入れ替わってしまう。

もちろん細胞の寿命もタンパク質同様まちまちで、脳の神経細胞のように、生まれたときにすでに一四〇億個の細胞が完成しており、後はもう増えることも再生することもなく、壊れたらそれまでと教えられてきた細胞もある。しかし、最近の研究では、神経細胞にも幹細胞と呼ばれる分裂する能力を持った細胞が存在することが分かってきた。神経幹細胞から、日々何千という神経細胞が作られているらしいが、その大部分は壊れてしまうらしく、どのくらいの数が新しい神経細胞として定着しているのかはまだ議論の分かれているところである。いずれにしても神経細胞の寿命は長いが、そんな神経細胞も、六〇歳を過ぎると日々二〇万個が、一年で一億数千万個が死んでゆくと言われると、何やら空恐ろしい。

　免疫をつかさどるリンパ球もどんどん作られ壊されていく。リンパ球の一種T細胞は、どんどん壊れていっても、ある刺激に対する「記憶」を持った細胞が生き残っており、もう一度同じ刺激（たとえば病原体）にさらされると、それに対する記憶を持つT細胞が爆発的に増えて、外敵を攻撃する。なかには〈自己〉を認識するT細胞も作られるが、これらは速やかに壊されてしまう。その壊す機構が破綻すると、自分の細胞を自分のT細胞が攻撃する、いわゆる「自己免疫疾患」が起こることになる。関節リウマチなどはこの典型である。

　神経細胞や免疫細胞等、おそらくより複雑な増殖複製の制御が行われている特殊な細胞を除けば、細胞のレベルで言うと、一年後には全細胞の九十数パーセントが入れ替わっている。今の自分と一年後の自分は、細胞のレベルで言えば、実はまったく別人なのである。それなのに、私は一年前の〈私〉と同じ人間だと自分のことを思っている。「〈私〉っていったい何なんだ？」という疑問は、生物学の問題ではなく、哲学の領域に属する問題なのだろうが、細胞のレベルにまで還元して考えてみることも、その思考の幅を広げる意味で興味深いことである。

アミノ酸のリサイクル・システム

　タンパク質を作っては壊し、壊しては作る。それではその作るための原料と、壊した後の廃

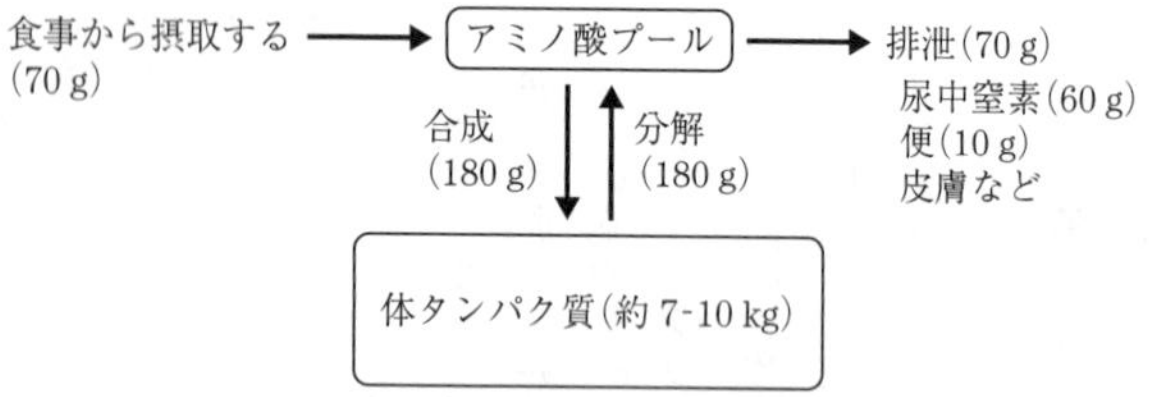

図 5-1　体内アミノ酸の出納帳

棄物はどうなっているのだろうか。その出納帳を表したのが、図5-1である。

タンパク質の原料になるアミノ酸は、タンパク質を分解することによって作られる。私たちが食事を通じて一日に摂るタンパク質の量は、およそ六〇～八〇グラムが平均らしい。ところが先ほど見たように、体重七〇キロの人で、一日に作るタンパク質の量はおよそ一八〇～二〇〇グラム。食べたタンパク質がすべて分解され原料として使われたとしても、摂取量より新たに作られる量の方が多いことになってしまう。原料以上の製品をいったいどうやって作るのか？という疑問が生まれるだろう。

答えはアミノ酸のリサイクル・システムである。食事によって体内に摂取されたアミノ酸に加えて、体内のタンパク質を分解し、その過程で生じたアミノ酸もまた、ちゃんと原料として再利用しているのである。

体タンパク質が分解されてできたアミノ酸の中で、尿中窒素のような形で体外に排出されていくものは、七〇グラム程度。つまり食事で摂取したのと同じくらいの量を排泄しているということになる。食べ物から摂取したアミノ酸と体タンパク質を分解して生じたアミノ酸をあわせると、およそ一八〇〜二〇〇グラムのタンパク質を一日に作り出している。結局私たちは、分解したタンパク質と同じ量のタンパク質を作り出しながら、体重をはじめとした恒常性を維持しているのである。

分解シグナルの名はPEST配列

タンパク質の寿命の長さは数秒から数カ月まで千差万別だが、最近分かってきたこととして、分解されやすい、寿命の短いタンパク質には、元々アミノ酸の配列に「分解をしなさい」というシグナルが埋め込まれているらしい。そんなシグナルはひとつではないらしいが、その中のひとつに「PEST配列」というものがある。病気の「ペスト」を思わせる印象深いネーミングだが、分解のシグナルとなるアミノ酸配列を一文字表記で示してつなげると、「PEST(P＝プロリン、E＝グルタミン酸、S＝セリン、T＝スレオニン)」となるのである。このシグナル配列がそのタンパク質のどこかにあると、そのタンパク質は早く壊される。細胞内搬送システムにおいては、宛先がアミノ酸の配列の中に書き込まれていたが、タンパク質によっては、早く死になさいという命令まで、生まれたときから自分の中に書き込まれているものらしい。

細胞周期に必要なタンパク質分解

しかし、タンパク質が壊れる、すなわち分解されるのは、寿命を迎えて用済みになった時ばかりではない。むしろタイミングを見計らって積極的に壊れることが、細胞の生存サイクルにとって必須という場合もある。

そのような細胞の生存サイクルとリンクしたタンパク質の分解として、細胞周期と連動したタンパク質分解の機構を挙げておこう。細胞には周期があり、大きく四つに分けられる。盛んに分裂している細胞では、細胞分裂の期間をM期と呼び、ほとんどの細胞で一時間ほどである。M期とM期のあいだを間期と言うが、間期は、DNAを複製するS期、M期とS期のあいだのG1期(Gはギャップ gap のG)、S期と次のM期とのあいだのG2期に分けられる。つまり細胞周期は、M期→G1期→S期→G2期→M期の順に推移する。動物の細胞を体外に出して培養すると、およそ二四時間でこのサイクルをひとめぐりするものが多い。

この細胞周期のタイミングをとるのに、サイクリンというタンパク質が制御因子として働いている。周期(サイクル)を回すために必要なものなので、この名前が付いた。サイクリンにもいくつかの種類があるのだが、特定のサイクリンがある細胞周期に入った時に特異的に分解される。その分解がシグナルになって細胞は次の周期に移行する。つまりこのサイクリンというタンパク質は、分解されることが細胞を次の周期に移らせるために必須なのであり、この分解に異常が起こると細胞は正常に周期を回れず、死ぬことになる。

もうひとつ、タンパク質が「分解」されることが、細胞の生存に積極的に利用されている例として、「時計の遺伝子(時間遺伝子)」を挙げておこう。「体内時計」という言葉も知られるようになったが、この体内時計を管理するメカニズムとして、生物はさまざまな「時計の遺伝子」を持っているらしいことが最近どんどん発表されている。その数は一〇〇個程度もあるらしい。

「時計の遺伝子」

生物の生体リズムにはいくつか異なった周期を持ったものが知られているが、そのうちでも、ほぼ一日を単位として繰り返されるサーカディアンリズム(概日リズム)はもっともよく知られているものだろう。しかし生物の体内時計のサーカディアンリズムは、外界の日周変化、つまり一日二四時間という長さとは若干ずれている。そのずれはわずかなものであっても、放置しておくと、外界の周期と体内の周期がずれてしまうことになる。時間遺伝子は、そのずれを修正し、体内の周期を外界の時間に合わせるための機構としても働いている。

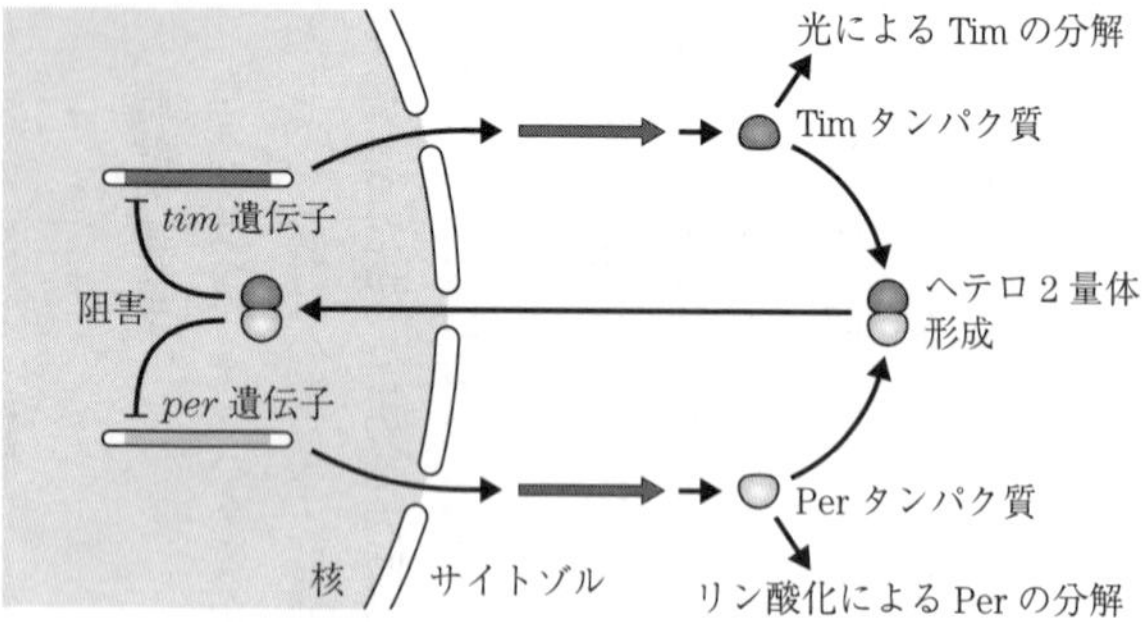

図 5-2　ショウジョウバエの体内時計

ショウジョウバエの時間遺伝子

時間遺伝子の存在が最初に発見されたのは、ショウジョウバエであった。図5-2に示したｔｉｍ(timeless)遺伝子とｐｅｒ(period)遺伝子とがそれである。最初に発見されたのはｐｅｒ遺伝子の方で、これは時間の長さを決定しているとされる。それに対してｔｉｍ遺伝子は時刻の設定に働くらしく、この遺伝子が変異を起こすと時間がなくなる＝timeless になるというところからこの名がついている。このふたつの遺伝子は、それぞれ独立した遺伝子でありながら、協調して働くことによってショウジョウバエの時間を決めているというのだ。

そのメカニズムは次のようなものである。ｔｉｍ遺伝子とｐｅｒ遺伝子からはそれぞれＴｉｍタンパク質、Ｐｅｒタンパク質が合成されるが、それぞれのタンパク質は、細胞内である程度の量に達すると、互いに結合して複合体となり、核の中に入る。この複合体は核の中で、ｔｉｍ遺伝子とｐｅｒ遺伝子の転写を抑えて、タンパク質合成を止めてしまう。つまり、ある一定の量を超えると、それ以上増えすぎないように抑制する機制が働くということである。これをフィードバック阻害という。こうしてタンパク質合成が止まると、すでにでき上がっていたものが分解されていくに従って、細胞の中のそれぞれのタンパク質の量は次第に少なくなっていく。結果としてタンパク質合成を阻害していた複合体も少なくなり、最終的にはまたタンパク質合成が再開されて、これでサイクルが一周する、という仕組みである。夕方にピークを迎えたタンパク質の量は、次第に減って、夜明けにはほとんどなくなり、再び合成という周期を繰り返す。

時刻合わせの装置

こうした概日リズムは、それだけでは外界の二四時間というサイクルからだんだんずれてしまうことが分かってきた。ｔｉｍ遺伝子とｐｅｒ遺伝子がちゃんと機能していても、ある条件が整わなければ、このサイクルは現実の日の出・日の入りからずれていってしまう。その時刻合わせに働いていたのが、光だった。光があたることで、Ｔｉｍタンパク質が一気に分解されることが分かったのである。Ｔｉｍタンパク質は光があたると分解され、Ｐｅｒタンパク質はリン酸化(リン酸基の付加)されるとそれがシグナルになって分解されるらしい。つまりどちらも自然に壊れていくだけでなく、積極的に分解される機構を持っているのだ。朝の陽を浴びると、急速にＴｉｍタンパク質は分解され、ＴｉｍタンパクとＰｅｒタンパク質の複合体も急速に減少する。そのことによってそれぞれの遺伝子の転写の抑制が解除される。このようにして朝になると両者のタンパク質合成のスイッチが入り、次第に量が多くなってきた夕方頃から合成がストップする。このように時計タンパク質の積極的な分解が、概日リズムの〈校正〉に必須であり、分解は単に不要物の処理だけでなく、多くの細胞内の反応において積極的な意味を持っているのである。

ヒトの場合はもっと複雑な機構が働き、時計遺伝子の数も多いが、基本的なシステムは同じである。私たちが海外に行って時差ボケになるのも、このタンパク質合成サイクルの変調によるもので、市販されている時差ボケの薬には、このタンパク質を調整することで体内時計を調節しようとするものがある。

「分解」というとどうしても「死」につながるイメージを与えてしまうが、こうした事例を見てくると、実際はむしろ「生きるために分解が必要」なのだということが明らかだろう。

自分を食べて生き延びる？

もっと端的に「生きるための分解」として働いているのが、「オートファジー（自食）」という分解機構である。オートファジーとは、その辺にあるものを何もかもいっぺんに袋の中に包み込んで、「バルク(一括)」で一気に分解してしまう機構のことだ(後出、図5-5)。海にいるタコは、エサがなくなってひもじくなると、自分の足を食べることで生き延びるとまことしやかに伝えられるが、「自食」というのはこれと同じように、飢餓にさらされると、細胞内のオルガネラやその他の構造物を分解して、その分解物からアミノ酸を得ようとする手段である。

先述のように私たちは一日あたりおよそ二〇〇グラムのタンパク質を新しく合成しなければ生命を維持できないが、その原料であるアミノ酸が足りない場合、無理矢理にアミノ酸を作り出すべく、オートファジーの機構が積極的に働き始める。たとえば赤ちゃんが出生するときのことを考えてみよう。母体の中にいるとき、赤ちゃんはお母さんから栄養をもらっているので、タンパク質の原料に困ることはない。ところが出生直後、あるいは分娩のあいだは、母体からの栄養補給が途絶え、アミノ酸不足をきたす。いわば一種の飢餓状態である。そのとき赤ちゃんは、自分の体内のタンパク質をオートファジー機構で分解して、無理矢理アミノ酸を作り出しているらしいのである。

オートファジーの機構が働くのは、上記のような栄養飢餓の場合に限らない。たとえば細胞の中に次第にたまってくるカスのような不要なもの(たとえば変性したタンパク質など)を定期的に浄化(クリアランス)するためにもこの機構が使われているだろうと言われている。この浄化機能はひじょうに重要で、最近日本の研究者が明らかにしたことだが、オートファジーにかかわる遺伝子を壊してみると、この浄化作用ができなくなるために、タンパク質の凝集物などが神経細胞に蓄積し、神経変性疾患が起こることが報告された。

その他にも、細胞の中に歯槽膿漏菌や結核菌、あるいはコレラ菌などの伝染病を起こす菌が入ってきた場合、その病原体となるバクテリアを包み込んで、バクテリアごと一気に分解してしまうなどの働きも持っている。オートファジーの「対象を選ばずに一気にざっくりと分解してしまう」機構が活かされている例である。

選択的に分解するか、バルクで分解するか

細胞内輸送の例として、葉書型と小包型のあることを見てきた。葉書型では、葉書(すなわちタンパク質)に直接宛先を書き、小包型の場合は、小包(すなわち小胞)に荷札をつけた。分解にも、これに相当するようなふたつの分解様式がある。つまり分解すべきタンパク質のひとつひとつに分解の目印となるタグ(札)をつける場合と、そうではなく、その辺りにあるタンパク質(オルガネラレベルの大きなものまで含めて)を一網打尽に袋に包みこんで、そのまま一挙に分解してしまう場合である。前者は「ユビキチン・プロテアソーム系分解」であり、後者はオートファジーによる分解である。

ユビキチン・プロテアソーム系分解は「選択的分解」であり、オートファジーによる分解は、

「バルクの分解」である。先の例で言えば、細胞周期に働くサイクリンや、体内時計のタンパク質の分解は、ユビキチン・プロテアソーム系分解であり、栄養飢餓の際にアミノ酸プールを確保するための分解などがオートファジーによる分解である。

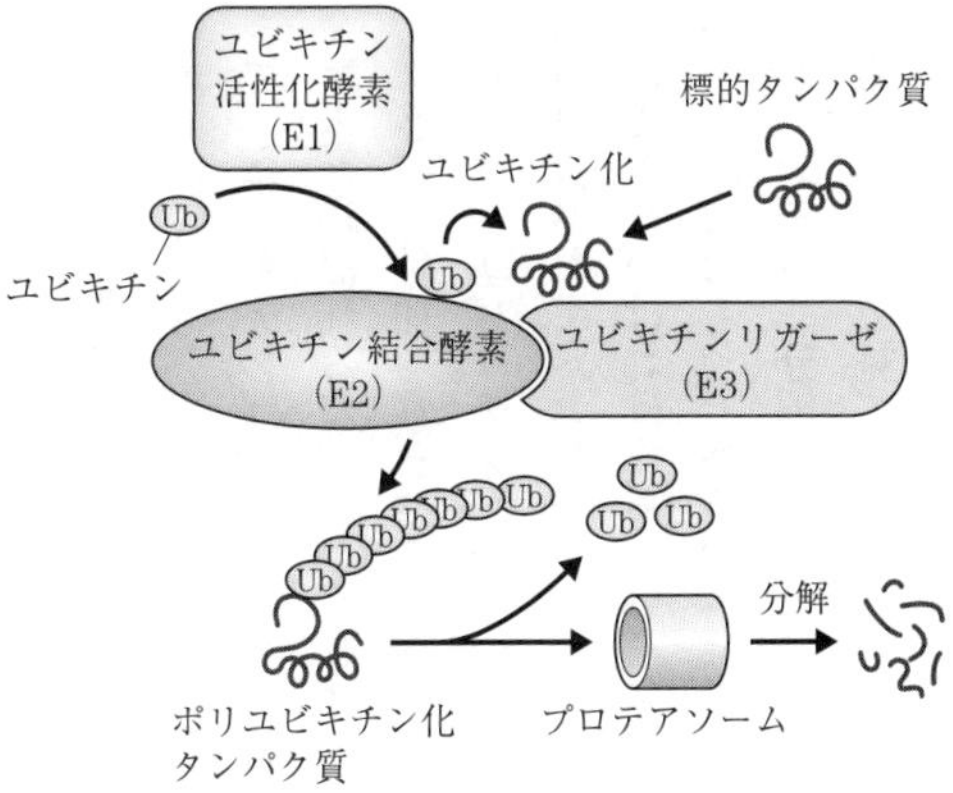

図5-3　ユビキチンによる分解機構

ユビキチンは分解の目印

ユビキチン・プロテアソーム系による分解は、選択的分解である。分解すべき標的タンパク質に分解の目印のタグをつける。タグになるのが、ユビキチンというタンパク質である。ユビキチンはアミノ酸の数にして七六個(分子量にして約八六〇〇)しかない小さなタンパク質だ。ユビキチンは標的タンパク質の中に含まれるリジンというアミノ酸に共有結合されるが、ひとつのユビキチンを付加するのに、三つのステップが必要である(図5-3)。

まずユビキチンがユビキチン活性化酵素(E1)

と結合し、活性化される必要がある。この活性化された状態で、いったんユビキチン結合酵素(E2)という別の酵素に受けわたされる。さらにユビキチンリガーゼ(「リガーゼ」は「つなぐ」の意)というタンパク質が標的タンパク質を、このユビキチン・E2複合体のところに連れてきて、ユビキチンは標的タンパク質のリジンに結合されるのである。ユビキチンリガーゼはE3酵素と呼ばれるが、E1、E2、E3の三種類の酵素の働きを経て、ひとつのユビキチンがタグとして付加される。この過程にはATPのエネルギーが必要である。

しかし、ユビキチンがひとつついただけでは分解の目印にはならない。同じステップが何度も繰り返されて、ユビキチンの上にさらにユビキチンがつながる、すなわちポリユビキチン鎖が形成されなければならない。分解には少なくとも四個以上ユビキチンが必要だとされているが、実際にはもっと多くのユビキチンがついている。なぜそんなに繰り返す必要があるのだろうか。おそらく分解をするには、念には念を入れて、というのが、その意味であろうと考えられる。これまで見てきたように、一個のタンパク質を作るには、膨大なステップを踏んで、かつ膨大な数のATPを消費して、さらにフォールディングをおこなわせるためにもエネルギーを消費して、ようやく「使い物になる一人前のタンパク質」に育て上げたのである。壊すのはできるだけ慎重にというわけだ。たとえユビキチンを一個付加するためにATPを一個消費しようとも、一から作り始めることを考えれば、その慎重さに見合うだけの収支バランスは十分に取れているということなのだろう。ポリユビキチン化は分解のためのシグナルであるが、別の見方をすれば、一種の安全装置ともなっているのである。間違って一個ユビキチンがついたくらいでは、分解されてしまうことはない。タンパク質の合成と分解という観点から見れば、ここでも何となくアバウトに作って、慎重にチェックし、分解するという生物の基本戦略を見る思いがする。

最近では、ユビキチンの付加が必ずしも分解だけのシグナルとはなっていない場合も報告され始めている。特にユビキチンがひとつだけ付加される場合などは、それが輸送などの他のシグナルとして働いている場合があるらしい。

分解機械・プロテアソーム

こうしてポリユビキチンという十字架を背負ったタンパク質は、ゴルゴダの丘ならぬ、サイトゾル最大の分解機械であるプロテアソームへと向かうことになる。プロテアソームは巨大なタンパク質複合体であり、筒状の構造をしている（図5-4）。この筒は四つのリングからなっているが、それぞれ七種類のタンパク質サブユニットがひとつのリングを作っている。真ん中のふたつのリング（βリングと言う）にタンパク質の分解活性を持ったサブユニットが存在する。筒の両端には十数種類のタンパク質が集合して「調節サブユニット」を作っている。この調節

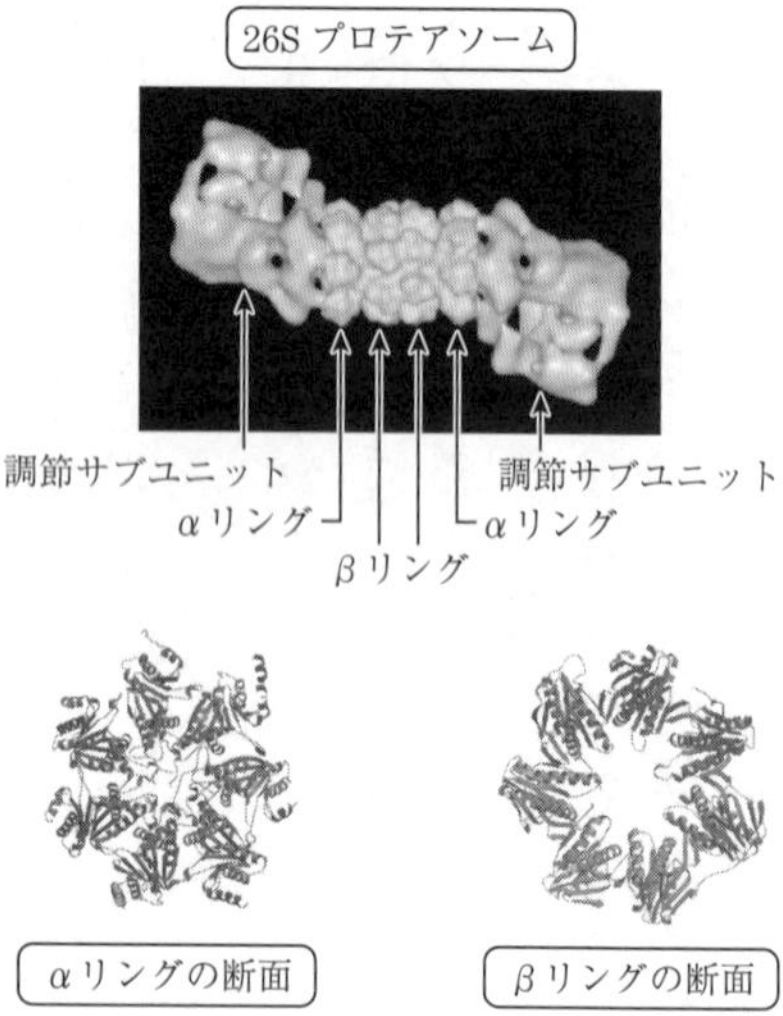

図 5-4　プロテアソームの構造

サブユニットには、分解すべきタンパク質のポリユビキチン鎖を認識するサブユニット、構造を持ったタンパク質をアンフォールディングし、分解基質を一本のポリペプチドにしてプロテアソームの孔を通すためのシャペロン様のサブユニットなどが存在している。さらに、認識されて不要になったポリユビキチンはプロテアソームの孔を通すには邪魔になるので、それらを切り離すためのサブユニットも備わっている。この巨大な分解機械プロテアソームの発見にはわが国の田中啓二氏(東京都臨床医学総合研究所)の貢献がきわめて大きい。

α、βサブユニットの四つのリングからなる筒の中に、ユビキチンを外し、ポリペプチドにまでアンフォールディングされたタンパク質が一方の端から入り、反対側へと通り抜けていく。その過程で、βリングが持つ分解酵素によって、ポリペプチドを細かく切断してゆく。真ん中のふたつのβリングの中には、カッターあるいはチョッパーとしての刃(分解酵素)が三カ所にあり、しっかりと小さなペプチドあるいはばらばらのアミノ酸にまで分解してしまう。これらがまた次のタンパク質合成の過程で再利用されることは言うまでもない。

このプロテアソームは細胞の中にたくさんあり、サイトゾルにも核の中にも存在する。ところが小胞体という、いちばんたくさんタンパク質を合成しているオルガネラの中には存在しないのである。これはむしろタンパク質合成に主要にかかわる場所だからこそ、分解はどこか別の場所でやってくれ、ということらしいが、その点については次の章で詳しく触れることにしよう。

すぐれものの「リング型分子機械」

図5-4にプロテアソームの構造を示しているが、あらためて振り返ってみると、「リング構造の中をポリペプチドが通り抜けていく」という構図は、細胞のあちこちで見かけるものであることに気づく。

プロテアソームの場合は分解のために働くが、すでに見たように、凝集したポリペプチドをほぐすために働くリング状のシャペロンもあった。大腸菌ではClpBと呼ばれるもので、酵母ではHSP104などがこれにあたる(第三章)。あるいは膜輸送のときに見たトランスロコンと呼ばれるチャネルもタンパク質のサブユニットが膜上に孔を作ったものだった(第四章)。このときはリボソームのペプチド排出口から直接トランスロコンの孔に、まだフォールディングする前のポリペプチドが送り込まれていた。

次章で詳しく見るが、ミスフォールドしたタンパク質を小胞体からサイトゾルへ引きずり出して分解するという荒っぽい分解様式がある。この場合も小胞体のチャネルをポリペプチドが通過するが、通過を一方向にするために、サイトゾル側で待ち受けて、引っ張り出すタンパク質がある。p97という味も素っ気もない名前のタンパク質複合体であるが、これもリング構造を持っている。p97の孔をポリペプチドが通る。この通過にはATPのエネルギーが必要で、p97自体がATPを分解してエネルギーを得る酵素活性を持っている。このエネルギーを用いてポリペプチドの一方向性を担保しているらしい。

通るものがポリペプチドに限らなければ、膜に存在するチャネルは総じて何らかの形でリング構造を有している。細胞膜には水素イオンを通過させるチャネルがあり、これは水素イオンの通過とカップルしてATPの合成をおこなうことのできるATP合成酵素でもある。六量体リング構造からなる複雑な機械となっているが、これには軸と軸受けにあたるタンパク質まであって、この軸が回転するのである。水素イオンの通過が回転を生み出し、回転によって発電機のようにATPが合成される。まことによくできた分子機械だが、この分子機械が回転することを見事に示したのは、先述の吉田賢右氏であった。

大食漢・オートファジー

ユビキチン・プロテアソーム系分解においては、ポリユビキチン鎖という分解のためのタグをつけることで、分解すべきタンパク質がひとつずつ厳密に選択され指定されていた。しかしオートファジー系分解では、サイトゾルの中にある色々なタンパク質や、ミトコンドリア・小胞体のようなオルガネラ(細胞小器官)も含めて、いっぺんに膜で包み込みそのまま分解してしまう。

生物が「オートファジー(自食)」という作用を持っているということは、植物などにおいてずいぶん昔から分かっていたのだが、この機構自体が発見されたのはたかだか二〇年程前のことである。詳しい分子機構はまだ完全には分かってはいないが、このオートファジー系分解機構は、まずサイトゾルの中に柿の種のような膜構造がどこからともなく現われてくるところから始まる。この膜構造が延びるとともに、両端が湾曲し、サイトゾルにあるものを手当たり次第に包み込んだ上で、中身を膜の中に閉じ込めてしまう(図5-5)。この風船玉のような膜構造を、オートファゴソームと言う。

オートファゴソームはこの状態で、リソソームと呼ばれる分解酵素がいっぱい詰まったオル

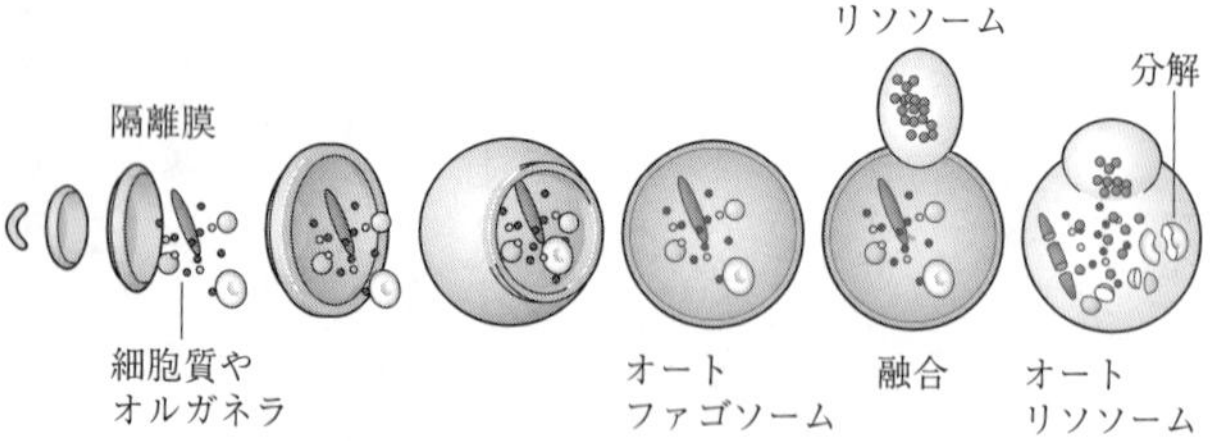

図 5-5 オートファジーによる分解機構

ガネラと融合し、オートファゴソームに包み込まれた中身のタンパク質はリソソームのタンパク質分解酵素（プロテアーゼ）によって分解されてしまう。こうして分解されたタンパク質は、アミノ酸として新たなタンパク質のために再利用されることになる。オートファジーでは膜構造ができ、それが基質を包み込んで、最終的にリソソームと融合するというステップが必須であるが、これら一連の事象を進めるのは、一群のオートファジー遺伝子群である。Ａｔｇ遺伝子と呼ばれ、現在十数種類が知られているが、酵母の遺伝学を駆使して、それらのほとんどを発見したのは、わが国の大隅良典氏（自然科学研究機構 基礎生物学研究所）であった。

ここではこれ以上詳しくは説明しないが、このオートファジーという分解様式に関与するタンパク質の働きは、ユビキチン化のときの様式に驚くほど似ているのである。もちろんそれぞれの機構に関与するタンパク質群の種類は違うが、それらのタンパク質が共有結合を作っていく様式はよく似ている。一方は基質に目印をつけての選択的分解、一方は膜で包み込んでの一括分解であるにもかかわらず、それを支える分子機構がよく似ているということは、何を意味するのだろうか。ある有効な方法があれば、それをいろいろな局面で利用しようとしているとも考えられる。いちいちそれだけに限定した方法を編みださなくても、同じ原理でやれるものはやってしまおうということかもしれない。自然は利口なのである。

分解の安全装置

リソソームはタンパク質分解装置の貯蔵庫である。膜に囲まれた小さなオルガネラだが、中にはほとんど分解に関わる酵素だけが詰まっていると言っても過言ではない。ある意味では火薬庫であり、危険きわまりない存在だとも言える。ちょっとでも膜に穴が開けば、そこからたちまちにしてタンパク質分解酵素が漏れ出し、細胞内はパニックになってしまうだろう。分解は必要だが、安全は確保したい。そのために細胞は巧妙な方法を用意した。

安全装置の鍵となるのは、酵素が働くのに最適なpH《ピーエイチ》(昔はペーハーとドイツ式に発音していたが、今はそうは呼ばない)である。酸性・中性・アルカリ性という言葉は聞いたことがあると思うが、これは水素イオン(プロトン)の濃度を示す数値であり、水素イオンが多ければ多いほど酸性が強くなる。リソソームに詰まっている酵素は、酸性条件下でしか働けない酵素ばかりなのである。そしてリソソームの中はpH4くらいの強い酸性に保たれている。リソソームの膜には水素イオンを選択的に運び入れるV型ATPアーゼという酵素があり、サイトゾルにある水素イオンをどんどんリソソームの中に運び込むので、リソソーム内では水素イオンの濃度が高くなり、中は強い酸性に保たれている。

オートファジーやその他の経路でリソソームに運ばれてきたタンパク質は、リソソームの酸性条件下で、リソソーム酵素によって効率的に分解される。一方、万一リソソーム膜が破れ、リソソーム酵素がサイトゾルへ漏れ出たとしても、サイトゾルのpHは中性なので、酵素は働くことができない。漏出事故が起こっても、爆破テロが起こっても、むやみな分解が起こらないよう安全装置が施されているのである。ユビキチン・プロテアソーム系分解においては、ポリユビキチン鎖という分解タグが安全装置になっていたが、いずれの分解様式においても、細胞は分解という反応に対しては実に慎重で厳密な安全装置を用意しているのである。

細胞の死

タンパク質の死、すなわち分解についてふたつの方法を紹介した。実際にはもっと他の分解酵素による分解もあるが、もうひとつ興味深いタンパク質分解酵素の例を紹介しておこう。それは細胞の死に関わるプロテアーゼである。

細胞にも当然のことながら死が訪れる。細胞の寿命自体はさまざまだが、細胞の死には二種類ある。ひとつはネクローシスであり、もうひとつがアポトーシスである。高温や、毒物、栄養不足、細胞膜の障害など、外界からの強制的な力が加わることによって起こるのがネクローシスで、細胞の壊死《えし》とも言われる。これに較べ、アポトーシスは生理的な条件下で、細胞自らが積極的に引き起こす細胞死である。比喩的に言えば、ネクローシスがいわば事故死であるとすると、アポトーシスは細胞の自殺に対応する。個体発生や自己反応性免疫担当細胞の除去、がんの自然治癒などで見られるプログラム細胞死もアポトーシスの一種である。身近な例で言えば、オタマジャクシの尾が消えるのはプログラム細胞死の例であるし、紅葉した葉っぱが落ちるのもアポトーシスである。私たち哺乳類でも胎児期のある一定の期間は、指のあいだに水かき様の膜を持っている。進化の名残であろう。水かきは出生までには消失するが、これが消失するのも、水かき様の膜の細胞がアポトーシスによって、ある時期に正しく死ぬようにプログラムされているからである。

アポトーシスでは、細胞は急速に縮小し、核内ではクロマチンの凝集が起こり、核が断片化する。サイトゾルにはアポトーシス小体という小胞が形成され、細胞質自体も断片化し、細胞はマクロファージなどによって貪食されるために、炎症反応を引き起こしたりはしない。この二〇年ほどのあいだに、アポトーシスの機構について研究が著しく進展した。

アポトーシスの経路は複雑であり、ここで詳しく述べる余裕はないが、細胞外からの死のシグナルを受けて発動する場合と、細胞内の内在的な死のシグナル経路による場合とがある。その中にもいくつかの経路があるが、いずれの場合も、最後はカスパーゼというタンパク質分解酵素の活性化が起こり、特にカスパーゼ3という酵素が細胞内の様々の基質を切断することで、核の断片化や細胞の凝縮などのアポトーシスに特徴的な現象を引き起こす。

細胞の死といえども、生命の維持に必須の細胞死があり、その過程に、タンパク質の積極的な分解が関わっているのは興味深いことである。タンパク質分解が細胞死につながる例としてのアポトーシスにおいても、個々の細胞の死を積極的に誘導することによって、個体としての生命活動を円滑に進めるという意味のあることが明らかになったと思う。すなわち、タンパク質の分解＝死は、決して意味のない死ではなく、生命維持の一環としての死でもあることが分かっていただけたものと思う。

タンパク質の輪廻転生

分解というと、いかにもタンパク質の墓場、働きを終えたタンパク質を葬り去ってしまうかのように聞こえるが、見てきたように、細胞内においてはタンパク質は常に作られ、そして分解されている。分解はエントロピーの増大につながり、合成はエントロピー的に言えば減少である。あらゆる現象はエントロピー増大の方向へ向かうのが厳然とした物理法則、熱力学の法則である。分解は容易だが、合成には多大の費用がかかることはどの場合でも明らかである。したがって分解はきわめて慎重におこなわなければならない。幾重にも安全装置が施され、また分解を指示するシグナルには、ユビキチン化のように、エネルギー消費を伴う、幾段ものステップが必要であった。

そのような厳格なセキュリティーチェックの上で、タンパク質は分解を受ける。それはある場合には、分解産物としてのアミノ酸やそれ以上に小さく分解された分子を、再利用するために必須である。タンパク質の一生は「死」で終わりではなく、むしろ「輪廻転生」のサイクルができていることが、ヒトの生命維持にはとても重要なことなのだ。

またある場合には、細胞周期を回したり、発生などのタイミングに関与する時計遺伝子を動かし、時刻合わせをするのに必要であったりする。分解することが、次のステップへ進むためのシグナルになっているのである。いずれの場合であっても、タンパク質は分解されるべきときに分解されなければならない。だからこそ、分解そのものに対しても、プロテアソームのようにATPのエネルギーを使ってまで分解を進めるのである。

一方で、あっては困るタンパク質の処分としても分解は使われる。たとえばフォールディングに異常が生じて、それを何とか処分しなければ細胞の生存が脅かされるというような場合である。止むをえない処置としての分解。しかし、このような正しい機能を持たず、いわばならず者のタンパク質の場合でも、細胞はすぐに分解して終わり、というのではなく、いくつかのもっとマイルドな方法をも試みる。『不思議の国のアリス』に登場する「ハートの女王」のように、いきなり「首をちょんぎっておしまい！」と叫ぶのではなく、更生できそうなタンパク質には、まず更生の機会を与えようとするのである。次章では、不良品のタンパク質が生じたときに、細胞がどのようにしてそれらに対処するのか、いわば細胞の危機管理、タンパク質の品質管理機構について紹介したい。

第六章　タンパク質の品質管理——その破綻としての病態

「品質管理」の必要性

タンパク質の誕生から死まで、ひとわたり「一生」の流れを見てきてあらためて感じるのは、どの段階でもきわめて複雑なシステムが正しく機能することによって、ようやくタンパク質の恒常性が保たれ、それを基盤にして生命は維持されているということである。しかし、精巧なシステムであればあるほど、故障も不具合も起こりやすい。何段階にもわたる機構のどれかひとつに故障が出ても正しいタンパク質はできないのだから、「失敗作」、つまりミスフォールドタンパク質が作られてしまうのは、工程の複雑さが増すだけ、指数関数的に増大するのはある意味必然と言えよう。

タンパク質によっては、製造過程でどのくらいの割合でミスが起こるかがすでに分かっている。合成されたうちの三割くらいしか正しくフォールディングしないというタンパク質はたくさんあるし、膜に局在するある種のタンパク質では、たったの二パーセント程度しか正しい構造をとれないものもあるという。また、せっかく正しく作られても、ストレスタンパク質のところで見たように、熱ショックなど細胞に加えられるさまざまなストレスによって変性する危険は常にある。あるいは、そもそもの設計図である遺伝子に異常がある場合、介添え役シャペロンがどんなに頑張っても、異常な、変性したタンパク質しかできないだろう。

しかし、作られてしまった失敗作がそのまま放置されては、凝集体が生じて、細胞が生きていくための障害となってしまう。失敗作をきちんとより分け、原因を究明し、故障を修理し、不良品を分解・廃棄していかなくてはならない。ここ一〇年ほどで急速に研究が進歩してきたこのタンパク質品質管理の機構と、さらにその品質管理が破綻したときに起こるさまざまな病気の問題について、本書の最後となるこの章で見ておくことにしたい。

タンパク質の品質管理は、サイトゾルや核、ミトコンドリアなど、細胞内のさまざまな部位でおこなわれていることが分かってきているが、いちばん研究の進んでいる小胞体での品質管理を中心に、ここでは説明することにしよう。

リスク・マネージメント

細胞の重要なシステムのひとつが「タンパク質製造システム」であるとすれば、小胞体はそのメインの製造工場にあたる。分泌タンパク質や膜タンパク質、リソソームやゴルジ体などのオルガネラタンパク質はすべて小胞体で作られ、細胞全体の作るタンパク質の実に三分の一は、小胞体で作られる。

一九八〇年代後半から九〇年代初頭にかけて、分泌されるタンパク質のフォールディングが小胞体内でおこなわれ、これがうまくいかない場合は、それらのタンパク質は下流の分泌経路には出ていかないことが示された。分泌が小胞体で止められるのである。たとえ遺伝子の情報どおりにポリペプチドを作っていても、不良品が発生することがある。その場合には細胞は、その不良品発生を感知し、直ちに処理する仕組みを備えている。とりあえずはそのような不良品を流通経路にのせないというのが、「細胞の品質管理」と呼ばれるようになった研究の端緒であった。

不良品を下流へ流さないというのは、人間社会の工場における品質管理においても第一に重要なことである。リスク・マネージメントと呼ばれる危機管理の第一のものであるはずだ。もし、不良品に気づかずに市場に出回ってしまった場合、それがたとえば薬であった場合などは取り返しのつかない結果を生むであろう。機械製品でも同様であり、ブレーキの故障、タイヤの不良などを抱えた自動車が消費者の手にわたったのでは、生命の危機に直結する事態を引き起こす場合があるのは、多くの事例からの教訓である。もちろん気づいていながら、故意に販売してしまうのは論外であり、種々の薬害訴訟や賞味期限偽装問題など、人間社会では、作為的な過失、監視システムの不良による過失など、多くの事件として私たちは実際に経験しているが、細胞ではそのような不埒なことは起こらない。

このような下流へ（すなわち市場へ）流さないという原理は、実際にはどのような機構によって担われているのであろうか。実は、「下流へ流さない」というメカニズム自体については、まだよく分かっていないというのが事実である。何らかの形で小胞体からゴルジ体への輸送経路を止めているはずだが、その分子機構はまだ誰も知らない。しかし、そうして下流への輸送を止めているあいだになされる不良品対策については、いくつかの驚くべく精巧な、しかも幾重にも慎重に用意されたメカニズムが明らかになってきた。

工場の品質管理

流れ作業でどんどんでき上がってくる製品の中に不良品が混じっていた場合、あるいは販売済みの商品に不良品が見つかった場合、おそらくどんな工場でも第一にとる手段は、ただちに生産ラインを止めることであろう。それ以上は不良品が増えないように、まずはとにかく製造中止にして原因を究明するのが品質管理の第一段階となる。

その次以降のステップはもちろん場合によって違ってくるだろうが、第二段階として考えられるのは、直せるものはできるかぎり修理して、正常な機能と構造に戻してから出荷しようとすることではないだろうか。歯車に嚙み合わせの悪さが見つかったら、軸を調整してやればうまく嚙み合うかも知れない。そんなちょっとした修理や調整で正しい製品に戻るのであれば、もちろんそれは有効な品質管理の手段である。そのためには優秀な修理工が必要であるが、それについては後で触れよう。

それでも直らない不良品がたくさん出た場合には、放置しておくと工場の中に不良品の山が出来するという事態になりかねない。どう修理のしようもない不良品が溜まればどうするか。人間社会の工場なら廃棄処分ということになるだろう。工場から持ち出して、専門の廃棄処分場で処分することになる。もちろん各部品は、分解して使えるものは再利用される場合もあるはずだ。これが、第三の方策。それでも不良品を作り続けるような工場なら、工場自体のシステムに問題があり、ここでこのまま製造を続けても、不良品ばかりが出てしまう。となれば、会社全体としては、一部閉鎖は止むを得ないと考えるだろうか。工場閉鎖は最後の手段である。

細胞内の四段階の品質管理

以上は人間社会の品質管理についての多少恣意的な要約であるが、細胞では見事にこの四段階の品質管理がおこなわれている。人間が長い試行の果てに考えついたような品質管理の戦略が、細胞の内部でも見事に実現されているのに驚かされる。生産現場での品質管理は、人間の脳が考え出した方法であるが、細胞の内部でも、これに比肩できるようなタンパク質品質管理機構の発達を見ることは感動的でさえある。進化という生存戦略が、時間のうちに秘めた潜在的な適応能力の凄さを見せつけられる思いがする。一段階ずつ紹介してみよう。

まずは生産ラインの停止。タンパク質の場合には、これは遺伝暗号をポリペプチドへと翻訳していく過程を止めることによってなされる。DNAからmRNAへの転写の段階でストップさせる機構があるのかどうかはまだ明らかになっていないが、mRNAからポリペプチドへの翻訳過程が止められて、とりあえず異常タンパク質の合成をやめさせよという指令がでる。

次に不良品の修理・再生については、これまでの章をお読みいただければ容易に想像できるだろう。修理工であるシャペロンをまず緊急に誘導し、シャペロンが変性したタンパク質を作り直し、再生させようとする。ある種のシャペロンは、ゆで卵を生卵に戻すほどの凄腕であることを見たが、隔離や結合解離や、糸通しなど、それぞれ得意とする方法によって何種類ものシャペロンが修理にかかわることが予想される。

しかし元々の設計図に間違いがあった場合には、いくら凄腕のシャペロンが働いても正しい形には戻せない。こうなると、そのような誤った設計図から生まれた異常なタンパク質は、役に立たないばかりか、他の正常なタンパク質にまで被害を及ぼす可能性がある。後で見るプリオンやポリグルタミンタンパク質の場合のように、傍らにいる正常なタンパク質まで悪の道に、すなわち異常な構造に変質させてしまうものも、細胞社会には多く見られるのである。これはもう廃棄するしかない。分解である。分解にも色々な方法があるが、特に小胞体での品質管理のためにおこなわれる分解の場合は、それを「小胞体関連分解」と呼ぶ。

それでも異常タンパク質を処理できないとなった場合、そのままにしておくと隣近所にも迷惑がかかる。こうなれば仕方がない、もう工場閉鎖となるが、細胞の場合には、それはアポトーシスである。アポトーシスは、先に見たように細胞の自殺である。異常なタンパク質しか作れないような細胞は、細胞ごと殺してしまうのだ。これが本当に品質管理になっているのかどうかは疑問だが、異常なタンパク質蓄積に対する最後の手段として、アポトーシスが起こっていることは間違いない。

巷間よく言われる言葉に、「鳴かぬなら鳴くまで待とうほととぎす」「鳴かぬなら鳴かせてみせようほととぎす」「鳴かぬなら殺してしまえほととぎす」があるが、細胞におけるタンパク質品質管理のシステムも、どこかこのような句を思わせるものがある。

不良品が生じる場合

タンパク質に不良品が生じる場合には色々のケースがある。すでに見たように、細胞にストレスがかかって、その結果タンパク質の立体構造に乱れが生じる場合がある。通常より数度高い熱がかかると、タンパク質は変性の危機にさらされる。小胞体タンパク質の場合は、そのほとんどが糖鎖を持ったタンパク質である。糖鎖はタンパク質の立体構造を安定化する場合が多いが、糖鎖の付加に不備が生じると、タンパク質の立体構造が脆弱になる。他にもエネルギー源であるATPが枯渇すると、タンパク質合成過程だけでなく、そのフォールディングに働いているシャペロンなどが働けなくなり、やはりタンパク質の構造異常を引き起こしかねない。脳虚血などの場合は神経細胞内のタンパク質に異常が生じると考えられるが、糖鎖付加障害およびATP枯渇の両方がその原因になっていると思われる。

そのような細胞にかかるストレスだけでなく、遺伝性要因も多い。遺伝子に異常がある場合、すなわち遺伝病の場合である。嚢胞性線維症は、白人の三パーセントに常染色体劣性遺伝として伝わる外分泌腺の遺伝性疾患である。慢性閉塞性肺疾患や膵臓外分泌機能不全などを特徴とする。この原因遺伝子CFTRの場合も、もっとも多い遺伝子異常はたった一個のアミノ酸変異によるものである。五〇八番目のアミノ酸がたった一個欠失するだけで、全体で一四八〇個のアミノ酸からなるCFTR分子全体の構造に異常が起こり、本来機能する膜表面へと分泌輸送されることがない。たった一個のアミノ酸欠失であり、どうやらタンパク質の機能そのものには影響がないらしいのである。事実、そのような変異タンパク質を何とかして細胞表面にまで輸送してやると、タンパク質は正常に働く。そんな微細な変異であるにもかかわらず、細胞は品質管理機構を働かせ、変異CFTRを小胞体に留めてしまう。とりあえずは働くからといって、不良品は市場へは回さない。人間社会も見習うべき、まことに誠実な態度と言うべきだろうか。

第一の戦略――生産ラインのストップ

小胞体の中に何らかの変異を持った、あるいはストレスによって変性した異常なタンパク質がたまってくると、最初に反応するのは小胞体の膜にあるセンサータンパク質PERKである。正常な状態のとき、このセンサータンパク質には、小胞体の代表的シャペロンであるB:iPがくっついて、その働きを抑えている。変性したタンパク質が小胞体の中に増えてきたとする。変性したタンパク質は、疎水性のアミノ酸が分子の表面に露出して不安定になっており、疎水性相互作用によって凝集体を作りやすい。そこで分子シャペロンの出番となる。シャペロンはその変性タンパク質の疎水性のアミノ酸に結合し、マスクし、安定化させようとする。小胞体内のB:iPの多くがその作業に動員される結果、センサータンパク質に結合していたB:iPもそれに動員される。その結果、センサータンパク質を不活性に保っていた安全装置が外れることになる(図6-1)。

B:iPがはずれることがトリガー(引き金)となって、センサータンパク質PERKが活性化

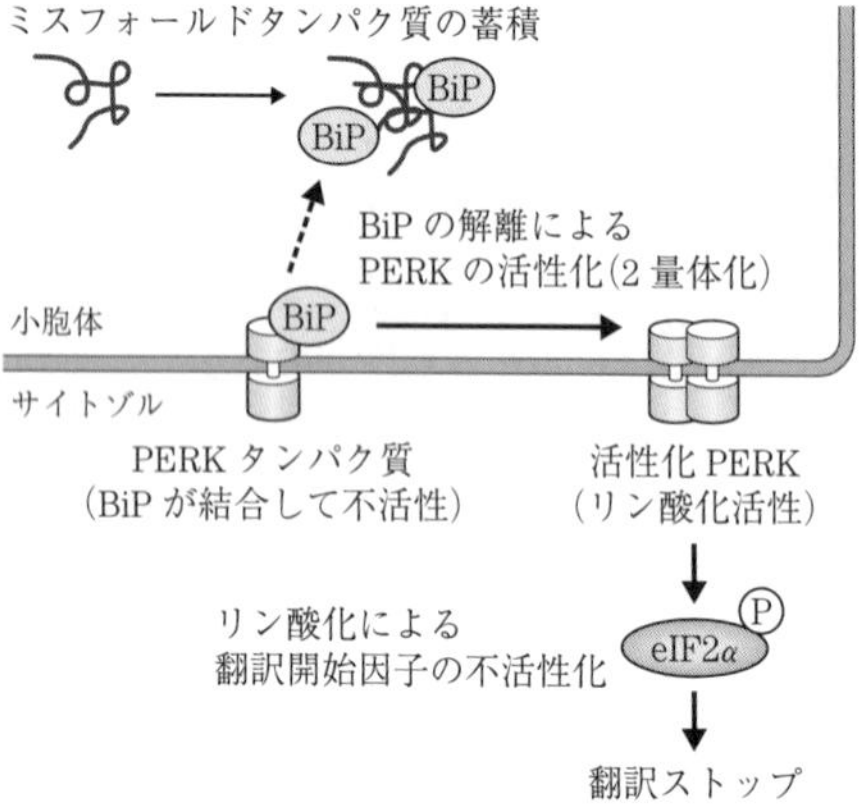

図6-1　ミスフォールドタンパク質の処理(その1)

されることになる。厳密にはセンサーはＢｉＰで、ＰＥＲＫは作動タンパク質と言うべきかもしれないが、ここではＰＥＲＫなど一群の小胞体膜タンパク質をセンサーと呼んでおこう。ＰＥＲＫは、タンパク質の翻訳に必須な、翻訳開始因子のひとつを不活性化することによって、翻訳を停止させる。作ってもどんどん変性してしまうなら、まず作るのをやめることで、細胞内のミスフォールドタンパク質の負荷を減らそうという戦略だと考えてよい。この際、翻訳開始因子は多くのタンパク質合成に共通であるから、ひとつのタンパク質に変異が起こると、タンパク質全般の合成がストップしてしまうのが特徴である。工場全体の生産ラインがいっせいに停止ということになるのである。

この機構を最初に見つけたのは、ニューヨーク州立大学のデイヴィッド・ロン(David Ron)博士であった。物静かな、どこかイエス・キリストを思わせる風貌のイスラエル出身の研究者であるが、彼がこの機構を見出したのは、一九九九年のことであった。

第二の戦略——修理工シャペロンの誘導による再生

この次に起こるのは、「修理・再生」の機構である。修理できるものは修理して出荷しようというのは、理にかなったことであるが、細胞も、修理工たる分子シャペロンを多量に作り出して、変性したタンパク質を再生しようとする。これが第二の戦略である。

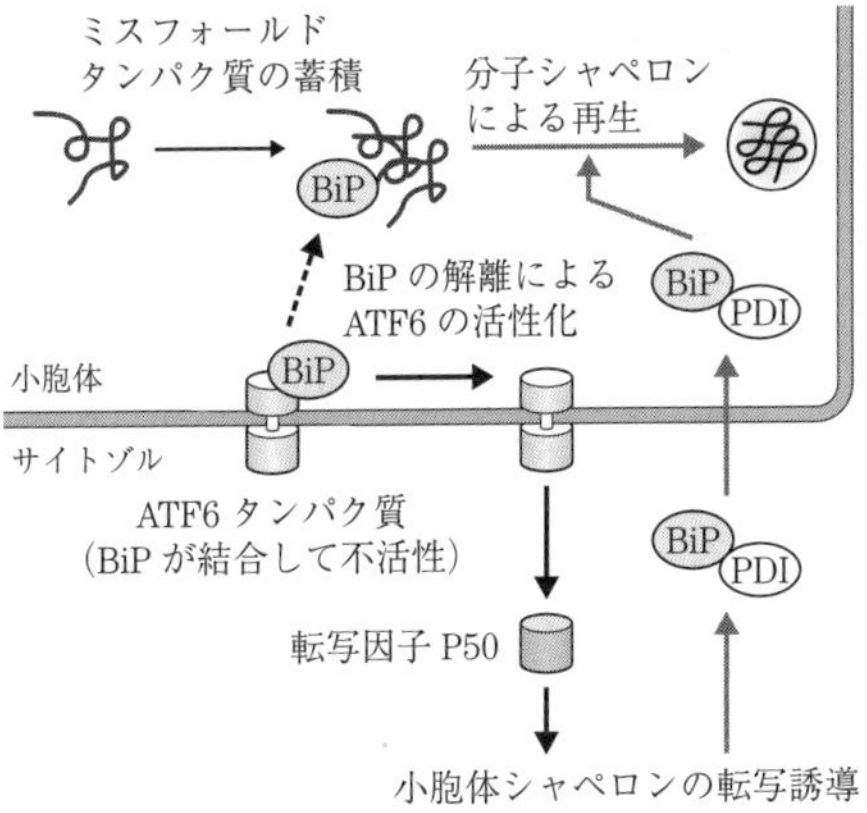

図 6-2　ミスフォールドタンパク質の処理(その 2)

　小胞体の膜にはＰＥＲＫの他にも、別のセンサー因子ＡＴＦ６が存在する(図６-２)。これもまた普段はＢｉＰが結合することによって不活性化されている。ＢｉＰが変性タンパク質に取られると、ＡＴＦ６が活性化され、小胞体分子シャペロンの転写を活性化する。この活性化はＡＴＦ６の切断によって起こる。活性化され切断されたＡＴＦ６の一部(Ｐ50と呼ぶ)は、核へ移行して転写因子として働く。BiPをはじめとして、小胞体の中で働く何種類もの分子シャペロンがこのATF6活性化によっていっせいに誘導される。こうして誘導されたシャペロンは、小胞体の中に送り込まれて変性したタンパク質の再生に従事する。

小胞体でもサイトゾルでも、分子シャペロンは常に存在している。シャペロンにも多くの種類があるが、恒常的に作られているものと、何かコトがあった場合にだけ作られるものとがある。BiPは恒常的にも作られているが、誘導もされる分子シャペロンである。たとえばミスフォールドタンパク質が小胞体に溜まってくるとBiPの発現量は数倍に上昇する。普段は多すぎないように、定常的なタンパク質合成に必要な量だけが作られているのであるが、いったんミスフォールドタンパク質が溜まるようになると、それらに対処する必要から、いわば非常勤職員にまで動員がかかるというシステムである。

第三の戦略——廃棄処分

細胞に一時的なストレスがかかってタンパク質がミスフォールドした場合などは、シャペロンの動員によってしのぐことができるかもしれないが、これがたとえば作られるタンパク質の遺伝子DNAに変異が生じるなどの遺伝的要因によって、いくら作っても正しいタンパク質にならない場合などは、シャペロンだけではお手上げということになろう。その場合には、もはやそれらの不良品は廃棄処分しか手がないということになる。遺伝子に異常が生じる場合以外にも、いくつかのサブユニットからなるタンパク質の、ひとつのサブユニットだけが多く作られ過ぎる場合なども、過剰に作られたサブユニットは、やはり分解されなければならない。不良品や過剰産物を分解によって処分する、これが第三の戦略である。

小胞体から正しい分泌経路にのれなかったタンパク質が分解されるということは以前から知られていたが、当然のこととして、この場合の分解は、小胞体の内部にある分解酵素によって起こることだと考えられていた。小胞体内のタンパク質分解酵素を探すべく、世界的に熾烈な競争がおこなわれてきたが、なかなかその実体が明らかにならなかった。しかし、ブレークスルーは意外なところにあった。

分解は小胞体の内部でなされるのではなく、ミスフォールドタンパク質を小胞体からいったん外に出して分解するという発見がそれであった。タンパク質の合成の場合には、サイトゾル側から小胞体内部にポリペプチドを送り込むのであるが、分解に際しては、逆に小胞体からサイトゾルに送り出すのである。この驚きの論文は一九九六年、『ネイチャー』に掲載された。小胞体からいったんサイトゾルに逆輸送して、ユビキチン・プロテアソーム系の分解機構に送り込む経路の存在が示され、この経路による分解システムの全体を、「小胞体関連分解（ER-Associated Degradation＝ERAD）」と呼ぶようになった（図6-3）。

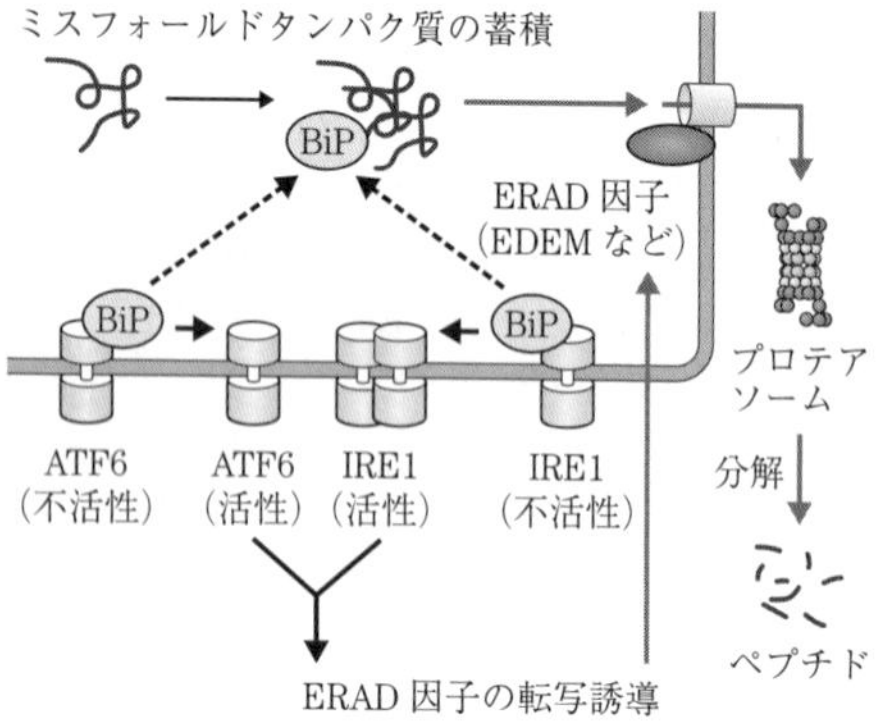

図 6-3　ミスフォールドタンパク質の処理(その 3)

「外に出せばいい」とはいっても、変性タンパク質を外に出すための機構はかなり複雑である。分解のためには、分解に関わる因子が作り出されねばならない。分解に必要な因子は、まずミスフォールドしたタンパク質を認識して、それを逆輸送のためのチャネルまで持っていく因子、逆輸送のチャネルを構成する要素、また逆輸送を駆動する一群の因子、サイトゾルでのユビキチン化など分解のためのシグナルを付加する因子、そして分解の実動部隊としてのプロテアソームなどである。特に小胞体の内部で、ミスフォールドしたタンパク質を逆輸送チャネルまで持っていく過程で、厳密なチェック機構が働いている。

小胞体膜を通過して分泌されたり、膜へ到達して働くタンパク質には、糖鎖が付加されることを先に述べた(第四章)。このうちグルコースという糖の刈り込みがシグナルとなって分子シャペロンカルネキシンが結合しフォールディングが進行する(図4-4参照)。

一方で、ミスフォールドしたタンパク質の分解にも糖鎖の刈り込み(トリミング)が、その分解のためのシグナルとなっている。マンノースが九個から八個へトリミングされることが、分解シグナルになっているらしい。それではそのシグナルを認識する分子は何かというのが次の謎であろう。謎は常に次々あらわれてくる。自然の謎解きには終わりというものがない。

分解されるべきタンパク質の糖鎖トリミングによる分解シグナルを認識して、分解を促進する因子として、最初のものは、私の研究室で見つけたEDEMという因子だった。EDEMは図6-3に示すように、ATF6の他に、IRE1という別のセンサー因子が両方活性化されて初めて誘導される。ここでも分解のための安全装置は二重になっている。

EDEMはフォールディングに失敗したタンパク質のマンノース糖鎖を認識して、小胞体膜のチャネルからサイトゾルへ送り出すのを促進する。サイトゾルへ逆輸送されたタンパク質にはユビキチンが結合し、プロテアソームによって分解が進む。二〇〇一年のEDEMの発見以来、『サイエンス』などいくつかの雑誌に成果を発表してきたが、これ以後同様の分解シグナル認識分子候補が他にも報告されている。

第四の戦略——工場閉鎖

それでもダメならば、いよいよアポトーシス、つまり自殺の指令を出して、細胞の自死を促すことになる。工場閉鎖である。分解に至る経路もひじょうに長く複雑だったが、アポトーシスに至る過程はさらに長い。詳細は省略するが、第一段階で用いられたのと同じPERKという因子の活性化に始まり、次々に下流の因子を活性化していくというシグナル伝達を介して、最終的に細胞死に至る。その全貌を詳しく述べるのは本書の範囲を越えてしまうので割愛せざるをえないが、最終的にはカスパーゼという加水分解酵素が活性化され、アポトーシスが引き起こされる。

品質管理の「時間差攻撃」

品質管理には四つの戦略、翻訳停止(生産ラインのストップ)、分子シャペロンによるタンパク質の再生(修理・再生)、ERADによる分解(廃棄処分)、そして細胞の自殺(工場閉鎖)があることを見てきた。実はこの四つの反応は同時に起こるのではない。この四段階はこの順番に、少しずつずれて起こる。いわば「時間差攻撃」である。

生産ラインを止める翻訳停止については、何か新しくタンパク質を合成する必要がなく、翻訳開始因子をリン酸化するだけで反応が起こる。これがいちばん早い反応だろう。修理・再生のためには分子シャペロンを作ることが必要なので、タンパク質合成のプロセスが一度はおこなわれなければならない。そのため翻訳停止よりは遅れて起こることになる。EDEMをはじめとする小胞体関連分解のための種々の因子は、詳しくは述べなかったが、二段階のタンパク質合成を必要とし、これは修理・再生より時間的に遅れると考えられる。アポトーシスによる工場閉鎖にいたるまでには、さらに多段階のシグナル伝達を必要とし、これは文字どおり最後の手段として、変性タンパク質の分解よりも遅れて、その効果は現われる。

この「時間差攻撃」は、細胞の品質管理戦略として合理的であろう。修理すれば使えるのに分解してはもったいないから、まず分子シャペロンを誘導して修理・再生を試みる。それでだめなら、そのまま放置しておくと凝集を招くなど不都合な結果を生じる怖れがあるので、工場(この場合は小胞体)の外に運び出して分解する。それでも駄目なら、最後の手段として細胞ごと壊してしまう。生産ラインのストップから始まって、これらはこの順序で反応が開始するのである。いわば優先順位がはっきり決まっている。見事に合理的なシステムであると驚くほかはない。

私は、細胞の世界における種々の出来事に、人間社会の合目的性をあてはめて解釈することに必ずしも同意するものではない。私たちが合理的、合目的的と判断する反応や方法が、細胞という〈自然界〉の合理性と常に一致するものとは限らないからである。私たち人間社会における現象を、細胞の世界にアナロジーとして持ち込んで解釈することには慎重でなければならないだろう。サイエンスにおいては、一見不合理に見える現象の中にこそ、私たちには理解できない合理性があるかもしれないのであり、そこにこそ〈未知〉への興味と驚きが隠されている。

そのような前提をおいた上で、私はタンパク質の品質管理機構に見られるこれら四つの戦略に驚くのである。これら四つの機構がひとつひとつあきらかにされていく過程を、リアルタイムで見てきたが、毎月のように世界の科学誌に掲載される新しい知見を、半ばは怖れるように(もちろん競争で追い抜かれることを怖れるのである)、そしてそれ以上に、今度は何が現われるのかと、わくわくしながら読んだものである。細胞におけるタンパク質品質管理機構は、細胞というミクロコスモスにおけるひとつの断面にすぎないが、細胞においては、このような驚くべき巧緻な機構、システムが発達しており、その中で生命現象は営まれていることに改めて思いをいたすのである。

品質管理の破綻としての病態

タンパク質の一生と、私たちヒトの生命活動とのつながりをもっともはっきり感じさせるのは、病気の問題である。病気とひと口に言っても色々あるが、なかでも遺伝病と神経変性疾患は、まさにタンパク質合成と密接に関係している。

すでに何度も述べてきたように、遺伝子の情報はタンパク質のアミノ酸配列を指定する情報である。遺伝子に変異が生じると、それがコードするタンパク質にも変異が起こり、その結果、タンパク質自体が作られなくなったり、作られても機能を持たない、あるいは機能低下を引き起こすなどの事態が生じ、そのために病気になる。これが従来の「遺伝病」という概念であった。言い換えれば、遺伝子変異によるタンパク質の「機能喪失(Loss of Function)」によって病気が起こるという考えかたである。

確かに機能喪失が原因で起こる遺伝病は数多く、数え上げればきりがないほどである。一例を挙げれば、先天性代謝異常の代表的な病気として、有名なフェニルケトン尿症がある。肝臓のフェニルアラニン水酸化酵素活性が著明に低下する常染色体劣性の遺伝性疾患である。フェニルアラニンが水酸化されてチロシンというアミノ酸へ代謝されるが、この反応を触媒する酵素活性が低下すると、フェニルアラニンが蓄積して血液中の濃度が上昇し、その結果、精神発達の遅れなどが引き起こされることになる。新生児の時期に検査をし、もしその疑いがあるときには、低フェニルアラニン食で治療する。フェニルケトン尿症の場合、その時期を乗り越えればもう発症の危険はない。

血友病

ヘモフィリア、すなわち血友病もまた、遺伝病としてよく知られているものだろう。指を切ったりなどしたとき、普通ならばそこで凝固シグナルが働き、凝固反応が始まって、一連の血液凝固因子が順に活性化され、最後にはフィブリノゲンがフィブリンに変換され、血液を凝固させて血が止まる。ところがそのプロセスを担う因子のどれかに異常が起きると、それ以降のプロセスが機能しなくなり、出血が止まらず、やがては貧血を起こしてしまう。怪我をしたときにかぎらず、歯を磨いて少し歯茎から血が出ただけでも、あるいは女性ならば月経の時など、いつまでも血が止まらなければやがては貧血にいたってしまう。

血液凝固もタンパク質分解と同じく無闇に起こるとたいへん危険な反応なので、実際に血液凝固にいたるまでには一〇個以上の因子が順番に何段階もの反応を経て凝固にいたるよう設計されている。ところがこの中のどれかひとつでも、因子が欠損したり変異を起こしたりすると、血液が固まらなくなってしまう。血友病は、血液凝固因子のうち、主に第Ⅷ因子、および第Ⅸ因子に異常が起こるもので、これらの因子の活性低下によって、血液凝固に異常が生じる。

他にも遺伝病には色々あるが、その多くは、必要なタンパク質が作られなかったり機能しなかったりすることから引き起こされるものである。こうした病気については遺伝子の欠損がその原因なのだから、いずれ遺伝子治療の方法が発見される可能性は少なからずあると言っていいだろう。

フォールディング異常病の発見

ところが最近になって、遺伝病の中には、タンパク質の機能喪失が原因ではなく、いったん作られたタンパク質が凝集したり変性したりすることによって生じるものもあることが分かってきた。変性したタンパク質は本来、品質管理機構を通じて安全に処理されるはずなのだが、何らかの理由で品質管理が追いつかなかったり破綻してしまったりした場合に、それらが細胞内にたまって異常を引き起こしてしまう。つまり、変性したタンパク質が集まって凝集体を作ってしまうといった、本来持たないはずの機能を得てしまうという病気、「機能喪失(Loss of Function)」ならぬ「機能獲得(Gain of Function)」というべき病気の存在が分かってきたのである。これをフォールディング異常病と呼んでいる(表6-1)。

いったんその存在が発見されると、こういう病気は実はたくさんあるということが次第に分かってきた。たとえば白内障は、レンズの構成タンパク質であるクリスタリンが変性して、目の水晶体が濁ってしまう病気で、一種のフォールディング異常病である。また、代表的な遺伝病である糖尿病にも、Loss of Function のみならず Gain of Function のケースが存在することが分かってきた。従来知られているのは、遺伝子に欠損が起こってインスリンが作れないという機能喪失型だが、その他に、インスリンの遺伝子に一カ所変異が起こってフォールディング異常を起こし、それがどんどん他の正常なインスリンを巻き込んで、全体としてインスリンが不足してしまう場合もある。糖尿病のモデル動物として注目されている秋田マウスはこの代表例である。

表6-1　フォールディング異常病(いくつかの代表例)

病　　名	原因タンパク質
嚢胞性線維症	CFTR(塩素イオンチャネル)
マルファン症候群	フィブリリン
骨形成不全症	I型コラーゲン
α1アンチトリプシン欠損症(肺気腫など)	α1アンチトリプシン
白内障	クリスタリン
アルツハイマー病	アミロイドβタンパク質
ポリグルタミン病(ハンチントン病など)	ポリグルタミン伸長タンパク質(ハンチンチンなど)
パーキンソン病	αシヌクレイン
筋萎縮性側索硬化症(ALS)	SOD1(スーパーオキシドディスムターゼ)
プリオン病(BSEなど)	プリオン

秋田マウスではインスリンの遺伝子に変異が起こっている。第四章で述べたように、インスリンは小胞体で三つのジスルフィド結合を形成する。秋田マウスではインスリン遺伝子のひとつ(Ｉｎｓ２)に変異が生じており、A鎖に存在するシステイン(ジスルフィド結合を形成する)がチロシンに変わっている。その結果、A鎖とB鎖との間にジスルフィド結合を作ることができなくなり、フォールディングの異常を引き起こす。

マウスには二種のインスリン遺伝子があり、それぞれの遺伝子には一対の相同染色体があるので、合計四つの遺伝子を持っていることになる。秋田マウスの興味深いところは、そのうちのたった一個に変異が起こっただけで、他の三つの遺伝子は正常であるにもかかわらず、マウスは生後六週から一〇週で、膵臓のβ細胞の減少とランゲルハンス島の萎縮をともなう、高度の糖尿病を発症することである。四分の三、すなわち七五パーセントのインスリンは正常であるにもかかわらず、なぜ糖尿病を発症するのだろうか。おそらくジスルフィド結合が正常に作られないため、対になるはずだったシステインが別の正常なインスリンのペプチド鎖のシステインとジスルフィド結合を作り、するとそこで対を作れなくなったシステインが、また別のインスリンを巻き込んでしまう……という風に、全体として正常なインスリン分子を次々に巻き込んで、異常な構造体を形成するからではないかと考えられている。Gain of Function の代表的な例である。

神経変性疾患

「機能獲得(Gain of Function)」タイプの遺伝病の代表的なものとして、神経変性疾患についても述べておかなければならない。先に述べたように、身体の細胞はどんどん新陳代謝して一年後には九十数パーセントが入れ替わってしまうにもかかわらず、神経細胞はある年齢以降はほとんど増えることがない。神経細胞にも幹細胞があることが明らかにされ、神経細胞の新生もあることが分かってきたが、大部分の神経細胞は活発な増殖をおこなうことなく死んでいく一方なのだ。これは単に物忘れがひどくなるというだけではない、深刻な問題をはらんでいる。

何しろ神経細胞に何か変異が起こると、その細胞は変異を抱えたまま長期間生存し続けなければならず、重篤な神経変性疾患として症状が現われることになる。

神経変性疾患の代表的なものとしては、アルツハイマー病、パーキンソン病、筋萎縮性側索硬化症(ALS)、あるいはポリグルタミン病やプリオン病なども この中に入る。この中には孤発性のものも遺伝性のものも、またプリオン病のように伝染性のものもあるが、どれも原因は遺伝子、すなわちそこから作られるタンパク質にあり、それらが異常なフォールディングをして凝集体を作るために神経細胞が死んでしまうという点で共通している。

「赤い靴」の病

ハンチントン舞踏病(現在はハンチントン病という名称である)という病気がある。アンデルセンの童話に、赤い靴を履くと踊りがやめられなくなって、ついには死んでしまう女の子のお話がある。映画にもなった有名なものだが、これはハンチントン病の患者をモデルとしたと聞いたことがある。

なぜ踊り続けるのかと言えば、もちろん踊りたくて踊っているわけではなくて、神経が冒されて運動に異常が生じ、はたから見ると踊っているように見えてしまうということなのだ。BSE(牛海綿状脳症)の牛がガクガクと妙な動きをしたり、パーキンソン病で震えが出たりするのと似た症状である。

ハンチントン病の原因となるのは、ハンチンチンというタンパク質の異常である。これは健

表6-2　ポリグルタミン病と繰り返し配列

疾患名	原因遺伝子	CAGリピート	
		正常	疾患
球脊髄性筋萎縮症	アンドロゲン受容体	7-34	38- 68
ハンチントン病	ハンチンチン	10-35	37-121
脊髄小脳失調症 I 型	アタキシン1	6-39	43- 82
脊髄小脳失調症 II 型	アタキシン2	14-31	35- 59
脊髄小脳失調症 III 型	アタキシン3	13-44	65- 84
歯状核赤核淡蒼球ルイ体萎縮症	アトロフィン1	5-35	49- 85

康な人も普通に体内に持っているタンパク質なのだが、どんな働きをしているのかはまだ分かっていない。このタンパク質のアミノ酸配列の中には、グルタミンがいくつも並ぶ領域があり、正常な場合、並んでいるグルタミンの個数は一〇個から三五個のうちにおさまっている(表6-2)。ところがハンチントン病の患者さんで調べてみると、このハンチンチンの中ではグルタミンが四〇個以上、多い場合には一二〇個以上も繰り返し並んでいる場合があるのだ。

このように、グルタミンの繰り返しが原因となって起こる病気を、総称してポリグルタミン病と呼ぶ。グルタミンの繰り返し配列をポリグルタミンリピートと呼んだり、ポリQリピート(Qはグルタミンの一文字表記)、あるいはグルタミンをコードする遺伝暗号がCAGであることから、CAGリピートと呼んだりもする。

ポリグルタミン病発症のメカニズム

私たちヒトが持っているタンパク質の中にはポリグルタミンリピートを持つものがたくさんあるため、ポリグルタミン病にもさまざまな種類がある。どの病気の患者さんの場合も共通するのは、ポリグルタミンリピートの個数が顕著に増えていることである。一般的にリピートの個数が四〇個を超えた場合に発症するものと考えられている。

ポリグルタミン病の中でも家族性の場合、代を重ねるごとにグルタミンの繰り返し回数が増えると同時に、繰り返し回数が多いほど若年で症状が出ることが知られている。四〇個をぎりぎり超えた程度であれば、かなり歳をとるまで発症せずにすむこともあるが、ポリグルタミンの伸長に比例して発症年齢が若くなり、また脳の萎縮も強く現われる。ポリグルタミンリピートは不安定で、親から子へ伝わるときに異常に伸長しやすい。これが世代を経るごとに発症年齢が若くなり、症状が重くなる理由である。表現促進現象と呼ばれる。なぜか父親から遺伝するとき、より大きな伸長を示し、重篤になることが知られている。いずれも両親の一方に遺伝子変異があれば、子に遺伝する優性遺伝病である。

発症のメカニズムからいえば、このポリグルタミンの部分がひじょうに不安定で、すぐに凝集してしまうことが病気の原因である。このポリグルタミン部分は二次構造のβシートを形成しやすいが、βシート同士は疎水性相互作用によって互いに会合する性質がある。無秩序な凝

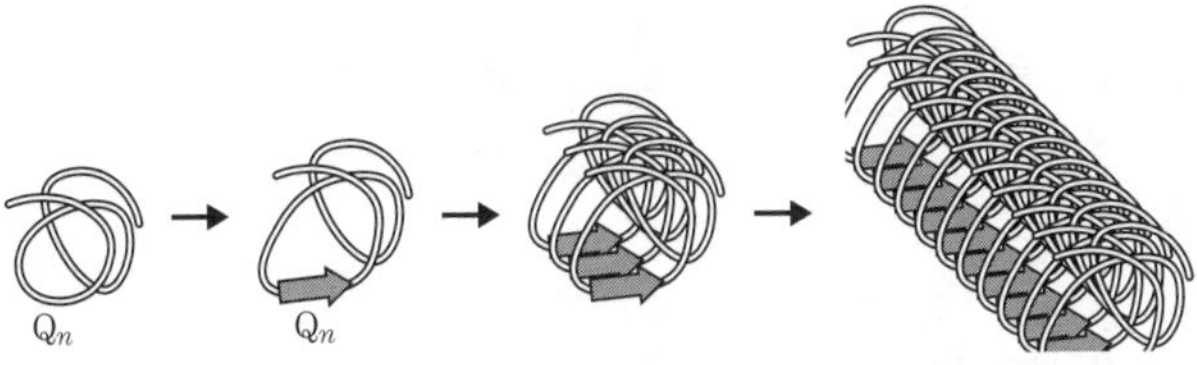

図6-4　ポリグルタミン病のアミロイド線維形成

集体というよりは、規則性を持った凝集体を形成し、これはアミロイドと呼ばれる六〜一〇ナノメートルの太さの線維構造を作り(図6-4)、それらはつぎつぎに他のポリグルタミンβシートを巻き込みながら成長する。アミロイド線維はきわめて疎水性が高く、組織に沈着してアミロイドーシスという病態を引き起こす。

ポリグルタミン病には、ハンチントン病の他に、球脊髄性筋萎縮症、脊髄小脳失調症、歯状核赤核淡蒼球ルイ体萎縮症など、種々の脊髄小脳変性症が知られている(表6-2参照)。これらもアミロイドを作るが、アミロイド線維を作るのはポリグルタミンタンパク質だけではない。アルツハイマー病のβタンパク質(Aβ)、クロイツフェルト-ヤコブ病やBSE(牛海綿状脳症)などのプリオンタンパク質、家族性アミロイドポリニューロパチーのトランスサイレチンなども、同様にアミロイド線維を作る。

このようなポリグルタミンタンパク質を代表とするようなアミロイド線維形成において、アミロイド自体が毒性を持っているという説と、その一歩手前のオリゴマー、つまりβシートが数個集まったものが本当は毒性を持っているという説とがあって議論が分かれているが、最近は、毒性を持つのはオリゴマーであり、アミロイド線維になることでむしろ毒性は失われるのではないかという意見が有力である。あるいは凝集体を形成する場合も、凝集体として集まってしまったものには毒性は低いのではないかと考えられている。凝集体を作らせて、それらを隔離し、毒性を抑えているという考え方であるが、これが決着するにはまだ時間がかかりそうである。

再生できない神経細胞

もちろん神経細胞以外のさまざまな細胞でも、これらポリグルタミンタンパク質の凝集は同様に起こっている。しかし分裂によって頻繁に入れ替わっている細胞は、たとえその細胞がポリグルタミンタンパク質の毒性によって死んだとしても、他の細胞の増殖によって組織は再生することができる。ところが神経細胞の場合は、ほとんど再生が期待できない。一度凝集が起こって細胞が死んでしまうと補充されることがほとんどなく、欠損したままであるために、神経変性という重篤な症状を引き起こしてしまうものと考えられる。

治療を考えるならば、当然、ポリグルタミンタンパク質の凝集を抑えることが大きな戦略として考えられよう。ある種の分子シャペロンがその凝集を阻止することができるという証拠が、私たちの研究室も含めて、すでにいくつか報告されており、特定のシャペロンを誘導することによって阻止する可能性が模索されている。また特定の凝集タンパク質に結合して、その凝集をブロックする低分子化合物の探索も世界的に熾烈な競争になっており、近いうちにそのような阻害薬が報告されるかも知れない。

アルツハイマー病

図6-5の上の写真は、ヒトの細胞を試験管の中で培養し、そこにハンチントン病の原因タンパク質であるハンチンチンの遺伝子を導入したものである。ハンチンチンには遺伝子工学的に蛍光物質の遺伝子を融合させ、細胞の中でハンチンチンタンパク質が蛍光を発するように工夫している。ポリグルタミンのリピート回数を大きくすると、ハンチンチンが凝集するため、写真のように塊となって光って見える。このような凝集塊を持った細胞は、アポトーシスによって死ぬことになる。

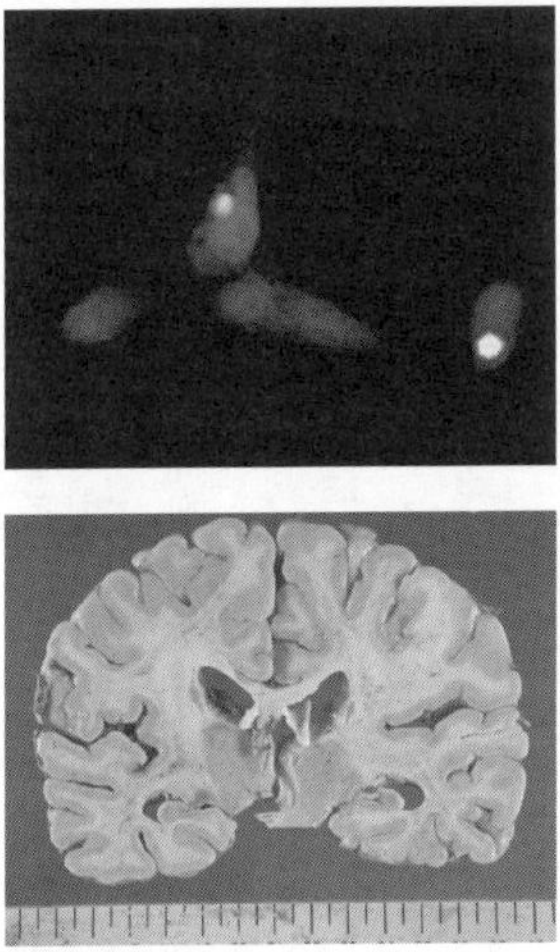

図6-5　細胞内のハンチンチンの凝集(上)と，アルツハイマー病患者の脳切片(下)

　下の写真はアルツハイマー病にかかった患者さんの脳の切片である。正常ならばきちんとつまっているはずの脳が、神経細胞が脱落してまばらになっていることがよく分かるだろう。アルツハイマー病もまた、βアミロイドという凝集しやすいタンパク質がたまってしまうために、神経細胞が死んでしまう病気である(後述)。

さまざまな海綿状脳症

プリオンもまた、ハンチンチンと同じく、私たちが誰でも持っているタンパク質なのだが、その働きはまだ分かっていない。このプリオンに変異が生じて起こる神経変性疾患を、総じて海綿状脳症と呼んでいる。神経細胞が死んで脱落していくことで、脳がスポンジ(海綿)状になってしまうからである。プリオンが原因で起こるこのような疾患をプリオン病と呼ぶ。

海綿状脳症の中でいちばんよく知られているのは、ウシのBSE(牛海綿状脳症)であろう(最近は「狂牛病(Mad Cow Disease)」という言い方は用いないことになっている)。ウシは比較的古くからこの病気を持つことが知られていたが、この病気はウシにだけ現われるものではなく、ヒトも含めた他のさまざまな動物で発見されている。

最初に病気が見つかったのはおそらくヒツジである。ヒツジの場合はスクレイピーと呼ばれるが、これもBSEと同じ病気である。スクレイプというのは「こすりつける」という意味で、罹患したヒツジが身体を柵にこすりつけたりしてとても痒がるところに由来する病名である。

その他、ネコ、ピューマ、チータ、ミンク、シカ、エルク(ヘラジカ)と様々な動物に同様の病気が発見されている。呼ばれる病名は少しずつ違っているが、どれも同じプリオン病であり、最初は種を越えての感染はないと考えられていたのだが、どうやらそうではないということが分かってきた。

ヒトのプリオン病

ヒトにおいて最初に発見されたプリオン病は、パプアニューギニアの高地に住むフォア族という人たちに見られるクールー病であった。神経変性を起こし、痴呆のような症状が出たり、運動神経を冒されたりして死にいたる病気である。

クールー病の特徴は、女性に多いということである。実はこの病気の原因は、フォア族のカニバリズム(人肉嗜食)であった。彼らには、村に死者が出ると、死者を弔い敬う意図を持って、親族が集まって脳を食べる習慣があった。発症した患者の大部分が女性であったのは、男女で食べる部位が違ったためらしい。フォア族では、この病気のために女性が早く亡くなるケースが多く、そのため一夫多妻制をとっていたということである。

プリオン病はどれもそうだが、この病気の場合も感染してから発症までの期間が大変長く、三〇年ぐらいかかるため、なかなか原因が分からなかった。この病気を最初に発見したのは

D・C・ガジュセック(D. C. Gajdusek)というアメリカの医者で、彼はこの発見により一九七六年ノーベル生理学・医学賞を受賞している。その後を引き継いで、プリオンというタンパク質がこの病気の原因だとつきとめたのが、アメリカのBSE研究の権威であったスタンリー・プルシナー(Stanley Prusiner)である。プルシナーにもこの発見により一九九七年ノーベル生理学・医学賞が与えられた。

伝播型プリオン

このクールー病にとどまらず、今では他にもヒトのプリオン病が知られている。もっとも有名なのはクロイツフェルト-ヤコブ病だろう。これはウシのBSEがイギリスで確認されて、その後十数年経つうちにヒトに感染したものだと考えられている。その他にも、GSS(ゲルストマン-ストロイスラー-シャインカー病)、FFI(致死性家族性不眠症)など、さまざまな名前で呼ばれてきたものが、実はどれも共通してプリオンの異常を原因として起こっていることが明らかにされた。

プリオンには正常型と伝播型の二種類があるが、正常型の方はごく普通に私たちヒトはみな体内に持っている。神経細胞はもちろん、他の細胞の膜などにも存在するらしい。図6-6に示したのは二種類のプリオンの分子構造で、らせん状に描かれているのがαヘリックス、矢印を持った板状の部分がβシートである。正常型に比して伝播型では、βシートが異常に増えていることが分かるだろう。何らかの原因によって正常型が伝播型に変わると、ポリグルタミン病の場合と同じく、このβシートの部分が凝集して、細胞を死にいたらしめるのである。

プリオンの感染力

プリオンがなぜ恐ろしいのかといえば、伝播型プリオンをいったん体内に取り込んでしまうと、それを種《たね》あるいは核として、私たちが元々持っている正常型プリオンがどんどん伝播型に変わってしまうからなのだ。

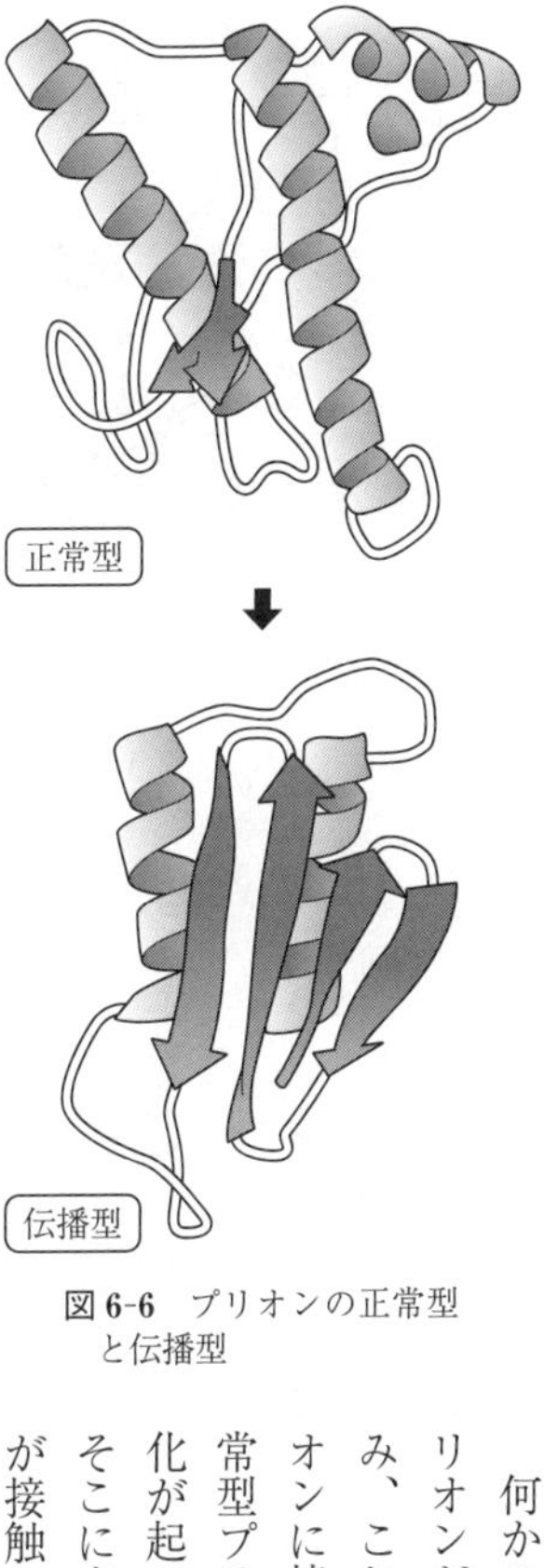

図 6-6　プリオンの正常型と伝播型

何かの形で伝播型プリオンが体内に入りこみ、これが正常型プリオンに接触すると、正常型プリオンに構造変化が起こる(図6-7)。そこにまた次の正常型が接触し、伝播型に変

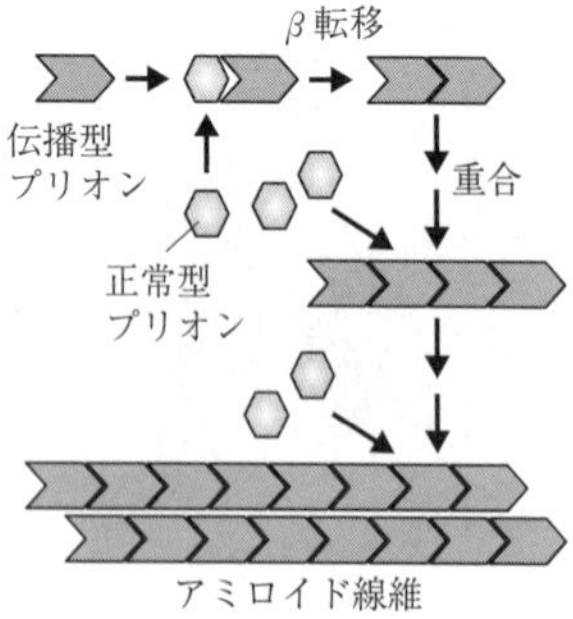

図6-7　正常型プリオンの構造変化

わって……という過程が繰り返されることによって、伝播型の部分はどんどん成長し、先に図6-4で見たような、βシートの連なったアミロイド線維を作ってしまうのである。

さらに困ったことにこの線維は、どんどん長くなったところで何らかの刺激を受けると、いくつかの小片に分かれて飛散し、また同様の反応が起き、連鎖的に伝播型プリオンが広がってしまうのである。

BSEの脅威

この感染の仕方が怖いのは、DNAがまったく関係しないというところである。これまでに知られていた感染症は、バクテリアにしてもウイルスにしても、必ずDNAが何らかの形で関与していた。結核菌や赤痢菌のような細菌の場合は、自分の遺伝子を持っているので、その遺伝子を宿主細胞の環境中で増やすことによって増殖し、次の細胞に乗り移ったり細胞を殺したりしていく。インフルエンザやエイズなどの原因となるウイルスは、独力で増えることはできないが、まず自分の遺伝子を細胞に送り込み、宿主細胞の機構を借用して自分の遺伝子を増やし、周囲に飛び出していく。

ところがプリオン病の場合、増殖のきっかけは、ただタンパク質が細胞に入り込むということだけで、DNAはまったく関わりがない。単純に言えば、BSEに感染したウシの肉を食べただけで感染してしまうのだ。

一九八〇年代半ばにイギリスで大発生したBSEは、およそ一七万頭のウシに感染し、その結果四七〇万頭ものウシが薬殺処分されるという未曾有の事件へと展開した。何が最初の感染源であったかは未だ明らかではないが、大量発生には感染牛の肉骨粉を飼料として用いたことが原因となっていることは疑いないというのが定説である。さらに種を越えて感染することはないと言われていたBSEが、ヒトにも感染したことがわかり世界中をパニックに陥れた。イギリスだけで八〇名を超える犠牲者が出たことは記憶に新しい。

さらに厄介なことには、プリオンは熱に強い。一〇〇度で煮沸しても、まだ一部が残存する。もちろんこの温度ではDNAは機能を喪失してしまうが、プリオン病の感染を防ぐことはできない。プリオン病がDNAを介さない感染症であることを示唆する性質でもある。まさに煮ても焼いても食えないのである。

少しでもプリオンの種が入りこむと、私たちの身体の中にすでにあるプリオンタンパク質を巻き込んで、どんどん勝手に増えていく。ここがプリオンの何より困ったところなのだ。

プリオンと分子シャペロン

現在の時点で、プリオン病を完治するための治療法は存在しない。しかし、伝播型プリオンは、正常型プリオンに構造変化を引き起こすことで感染していく。ならば、シャペロンを使って、この構造変化を止めることができれば治療が可能なのではないか——こうした発想に基づいた研究がおこなわれている。

たとえばイースト菌などなじみぶかい酵母もまた、私たちヒトと同様にプリオンを持っている。伝播型のプリオンに感染すると、これもヒトと同様プリオンが凝集してアミロイド線維を作る。ところがここで登場するのが、前出のゆで卵を生卵に戻すことのできた凄腕のリング型シャペロンHSP104である。酵母の研究によれば、どうやらこのHSP104は、正常型プリオンが伝播型に変わるのを抑える働きをしているらしいのだ。

このHSP104の働きは、細胞内に存在する量にもよるようである。HSP104がふんだんにある場合、正常型から伝播型への構造変化を抑える働きをするらしい。ところが、HSP104がまったくない場合にもまた、この構造変化は起こらないらしいのである。ゼロでも、ありすぎても構造変化は起こらない。ならば、このシャペロンを大量に投与すれば感染を止めることができるのではないだろうかということで、今も研究がすすめられている。

こうしたシャペロンを使った方法のほかにも、伝播型同士の凝集を抑えるために、ひとつひとつのタンパク質のあいだに挟まって重合をくいとめるような何か低分子の物質がないか、プリオンに結合する他の物質はないかなど、さまざまな治療法を探す試みが続けられてはいるが、残念ながらまだ決定的なものは発見されていない。

アルツハイマー病のメカニズム

プリオン病と似た病気として、よく知られたアルツハイマー病がある。これも一種のフォールディング異常病と考えることができる。アルツハイマー病はドイツの精神病理学者アルツハイマー(A. Alzheimer)がはじめて報告した症例からその名がついた神経変性疾患である。患者の脳が神経細胞脱落によって顕著な萎縮を示すこと、神経細胞内に線維状の物質が蓄積した神経原線維変化が見られること、さらに大脳皮質の広範な部分に老人斑と呼ばれる斑状の蓄積物が存在することの三つがアルツハイマー病の特徴である。アルツハイマー病の中でも遺伝的要因によって引き起こされる一部の家族性アルツハイマー病の原因遺伝子として、アミロイド前駆体タンパク質(APP)という、膜を貫通するタンパク質が注目されている。これももともと私たちが持っているタンパク質なのだが、どういう働きをしているものかはまだ分かっていない。

このAPPの特徴は、ある特定の場所で切断されることによって毒性を持ち始めるということ

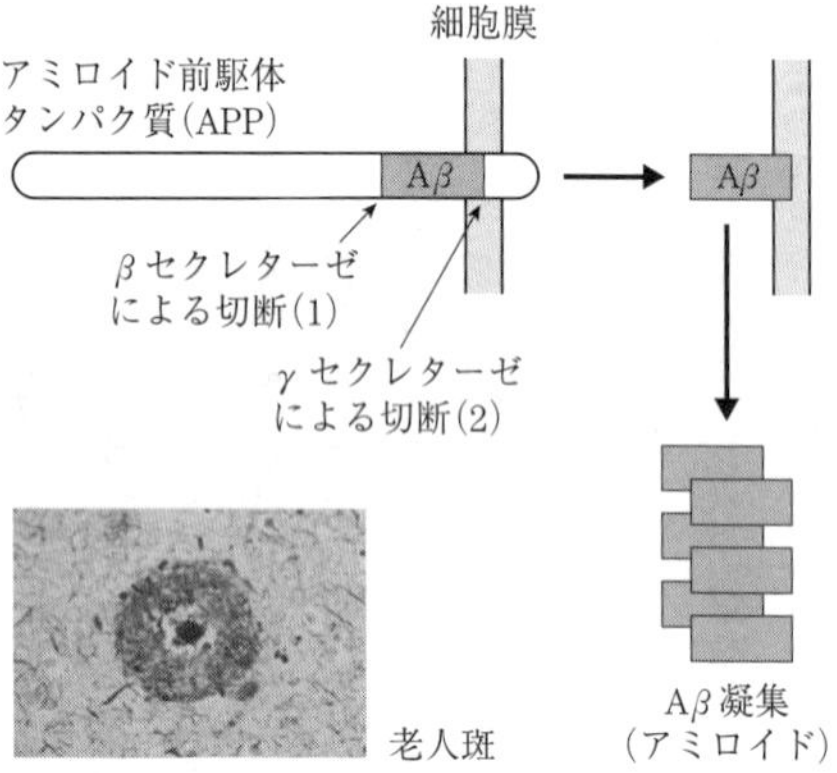

図6-8　βアミロイドの形成

とである。図6-8に示したように、ＡＰＰはまずβセクレターゼという切断酵素によって切断され、さらに膜の内部で今度はγセクレターゼという別の切断酵素によって切り離される。こうしてＡβ《エーベータ》というアミノ酸にして四二個の短いフラグメントが細胞内で遊離するが、このＡβ42はひじょうに不安定で、すぐに凝集し、アミロイド線維を形成する。これが神経細胞死の原因になり、二〇三頁の写真で見たような著しく萎縮の進んだ脳になってしまうのである。このＡβ凝集体が沈着してできたものが老人斑である。治療の方法としては、βセクレターゼ・γセクレターゼの阻害剤を作ることによってＡＰＰの切断を阻止しようということが試みられてもいるが、これもまだ完全な解決を見ていない。

新しい治療法に向けて

こうした病態は、従来の遺伝病の概念からは理解できない新しい概念である。ある特定の遺伝子に変異が起こり、それによってそのタンパク質の担っていた機能が損なわれるために病気になるというのが、大きく考えれば従来の遺伝病の考え方であった。もちろんそれにはおさまりきれない病態は数多くあるわけだが、この最後の章で見てきた病気は、それらとは大きく様相が違っている。特定のタンパク質の機能が損なわれたのではなく、そのタンパク質の機能とは関係なく、そのタンパク質の不安定性のためにタンパク質の凝集体を作り、それが細胞に毒性を与えることによって神経細胞脱落などの症状を呈することになるというものであった。フォールディング異常病という命名は、そのような病因を端的に示している。

これらを見てみると、タンパク質の品質管理が生命体にとっていかに重要かということに改めて注目しないわけにはいかない。フォールディング異常、そしてそれら異常なタンパク質の品質管理という観点から見ることによって、従来の概念におさまらない遺伝病の存在がようやく見えてきたのである。そして遺伝病としてだけではなく、プリオン病のような、DNAを介さない新しい感染症の様態も見え始めてきた。

フォールディングや品質管理は、タンパク質が正しく働くために精緻に構成された細胞のシステムであるが、そのシステムは、当然のことながら、うまく働いているあいだは私たちの目に止まることは比較的少ないものの、いったんそれが破綻すると、あるいは品質管理機構がオーバーフローすると、目に見える病態として私たちの前に立ち塞がる。それは元々が私たちの身体の一部を構成しているタンパク質であるだけに、その治療が難しいのである。それは、ある意味ではがんの治療が難しいのに似ている。

がんも元をただせば、私たちの個体を構成していた細胞に何らかの変異が生じて、悪性化したものである。抑制が利かなくなってどんどん増殖してしまうという困った特質、またその細胞本来の機能を喪失しているという性質のほかは、私たち自身の細胞と変わるところは少ない。だからこそ、他から侵入してきた細菌などを攻撃するようには、うまくがん細胞だけを殺すことができないのである。抗がん剤などによる化学療法では、正常細胞を殺す副作用と折り合いをつけながら治療しなくてはならなくなる。

フォールディング異常病の場合も、元々は体内にふんだんにあるタンパク質が「違法化」していくのであり、現段階では、それらに特異的な治療法をみつけることは困難な状況にあると言わざるをえない。その有効な治療法のためにも、フォールディングの特質をより深く知り、また品質管理の機構をより詳細に研究することは、将来におけるそれらの疾患の克服のためには避けて通ることのできない重要なステップなのである。

あとがき

ＤＮＡに書き込まれた遺伝情報の総体をゲノムと呼ぶが、周知のようにヒトゲノムプロジェクトは二〇〇三年に完成した。三〇億という文字（塩基）によって書かれているヒトのすべての情報、親から子へ伝えられる遺伝情報のすべてが解明されたことになる。

タンパク質は遺伝子の情報をもとに作られるが、それではタンパク質についてもすべてわかったことになるのだろうか。答えは否《ノン》である。

自然のおもしろさ、あるいは科学の醍醐味は、ひとつのことがわかると、それ以上に多くの謎や疑問が湧いて出てくるところにあると私は考えている。〈わかったこと〉以上に、〈わからないこと〉が湧き上がってくるのである。この不思議さこそが、私たちを自然科学という分野に釘づけにするのであり、飽くこともなく日々研究に明け暮れさせる理由になっている。

タンパク質はまことに個性豊かな存在である。アミノ酸配列の違いは、構造や機能の違いとなってあらわれ、表情も働きも千差万別と言わなければならない。ＤＮＡがもっぱら暗号を複写したり、読み出したりしている静かな書斎派だとしたら、タンパク質は自分の体を提供して実際にさまざまの労働に従事している。生命活動のあらゆる作業にタンパク質は必須である。細胞内のすべてのインフラや、タンパク質自身の生産や管理、さまざまな情報の受け渡しや制御と、生命活動においてタンパク質の関与しない部分は一つとして無いと言いきってもいいだろう。

そのような個性豊かなタンパク質は、当然のことながら古くからの研究対象であり、生命科学の研究においてはもっとも研究者の多い分野である。しかし、これまではタンパク質と言えば、ある構造を獲得した、いわば成熟したタンパク質だけが研究の対象となってきた。しかしながら、実際の細胞の内部では、タンパク質は生まれたばかりのポリペプチド状態にあるものから、正しい構造を持った一人前のものまで、さまざまの状態のものがひしめいているのだという点に注目が集まるようになったのは、そう古いことではない。むしろごく最近のことだと言ってもいいだろう。

文部科学省には、特定領域研究という科学研究費の制度があるが、二〇〇二年からの五年間、私たちの分野では「タンパク質の一生」という名で特定領域研究が措置された。「タンパク質の一生」というのは、およそ科学研究費のためのグループ名としては異質なものであったが、これが採択され、全国の六〇程の研究チームが、それぞれに素晴らしい成果を挙げてきた。その前には私が代表を務めた「分子シャペロンによる細胞機能制御」という研究グループがあり、現在は「タンパク質の一生」を発展的に継続している「タンパク質の社会」という研究グループが走っている。この分野においては、わが国の研究者は世界的に大きな貢献をしているが、グループ研究に対して研究費を配分するという文部科学省の科学研究費制度が、研究者層の拡充とともに、互いに情報交換をしながら切磋琢磨するという点で大きな力を発揮している。

私もこれらの特定領域研究班の一員あるいは代表として、「タンパク質の一生」に関する研究に、もう二〇年近く携わってきたことになる。本書で紹介したように、パラダイムシフトを含むこの分野の大きな展開にリアルタイムで付きあってきたことになる。タンパク質の一生という、きわめて普遍的で基礎的な研究が、それを推し進めていくと、BSEなどのプリオン病や、アルツハイマー病などを含むさまざまの神経変性疾患などの病態の研究につながるというわくわくするような展開にも遭遇することになった。

このような研究の展開を間近に見てきたことが、本書を書こうと思い立った契機である。いわゆる「科学もの」は一般の読者に伝えるのがなかなかむずかしいものだ。正確に伝えようとすると、些事にとらわれて専門的になりすぎ、一般を意識し過ぎると中途半端なものになってしまいやすい。そのような本質的に困難な課題を意識しながら、とにかくこの分野のおもしろさを、ふだん生命科学分野とは縁のない方々にもなんとか伝えようとしたのが、本書である。細胞という目に見えないまことにちっぽけな世界が、こんなにも精巧に、かつ見事に作られている、その一例としてタンパク質の一生に焦点を当てて紹介したものであるが、これがきっかけになって、細胞という私たちの生命のもっとも基本的な単位に、そしてその世界に興味を持っていただければ幸いである。

私の専門は、分子シャペロンやタンパク質の品質管理という分野である。しかし、必要上、さらに一般的な細胞生物学の多くの分野についても説明をしている。個人の能力がそれらすべてをカバーするのに追いつかないという部分もあるだろうし、一人だけの思い違いや不備もあるだろう。それら細部において不適切な部分がもしあればそれは著者の責任である。

本書の誕生には、岩波書店新書編集部の古川義子さんの力が大きかった。彼女が目を輝かしながら質問をしてくれることで、どれだけ説明の不備が直され、適当な記述にたどりつくことができただろう。熱心な学生が教師を育て、いい読者が書き手を育てる。深く感謝する次第である。

二〇〇八年五月

永田和宏

永田和宏

1947年滋賀県に生まれる
1971年京都大学理学部物理学科卒業．森永乳業中央研究所，米国国立癌研究所，京都大学胸部疾患研究所，再生医科学研究所を経て
現在—京都大学名誉教授，京都産業大学名誉教授，JT生命誌研究館館長
専攻—細胞生物学(元日本細胞生物学会会長)
著書—『細胞生物学』(東京化学同人，共編著)，『生命の内と外』(新潮選書)，『医学のための細胞生物学』(南山堂，共編著)，『細胞の不思議』(講談社)，『知の体力』(新潮新書)，『未来の科学者たちへ』(角川書店，大隅良典と共著)，ほか多数
歌人としての活躍も知られる．宮中歌会始詠進歌選者，朝日新聞歌壇選者など．歌集に『華氏』(寺山修司短歌賞)，『饗庭』(若山牧水賞，読売文学賞)，『風位』(芸術選奨文部科学大臣賞，迢空賞)，『後の日々』(斎藤茂吉短歌文学賞)など，ほか『近代秀歌』(岩波新書)など．

タンパク質の一生
—生命活動の舞台裏　　　岩波新書(新赤版)1139

2008年6月20日　第1刷発行
2022年5月16日　第15刷発行

著　者　永田《ながた》和宏《かずひろ》

発行者　坂本政謙

発行所　株式会社 岩波書店
〒101-8002 東京都千代田区一ツ橋2-5-5
案内 03-5210-4000　営業部 03-5210-4111
https://www.iwanami.co.jp/

新書編集部 03-5210-4054
https://www.iwanami.co.jp/sin/

印刷・三陽社　カバー・半七印刷　製本・中永製本

ISBN 978-4-00-431139-3　　Printed in Japan

岩波新書新赤版一〇〇〇点に際して

ひとつの時代が終わったと言われて久しい。だが、その先にいかなる時代を展望するのか、私たちはその輪郭すら描きえていない。二〇世紀から持ち越した課題の多くは、未だ解決の緒を見つけることのできないままであり、二一世紀が新たに招きよせた問題も少なくない。グローバル資本主義の浸透、憎悪の連鎖、暴力の応酬――世界は混沌として深い不安の只中にある。

現代社会においては変化が常態となり、速さと新しさに絶対的な価値が与えられた。消費社会の深化と情報技術の革命は、種々の境界を無くし、人々の生活やコミュニケーションの様式を根底から変容させてきた。ライフスタイルは多様化し、一面では個人の生き方をそれぞれが選びとる時代が始まっている。同時に、新たな格差が生まれ、様々な次元での亀裂や分断が深まっている。社会や歴史に対する意識が揺らぎ、普遍的な理念に対する根本的な懐疑や、現実を変えることへの無力感がひそかに根を張りつつある。そして生きることに誰もが困難を覚える時代が到来している。

しかし、日常生活のそれぞれの場で、自由と民主主義を獲得し実践することを通じて、私たち自身がそうした閉塞を乗り超え、希望の時代の幕開けを告げてゆくことは不可能ではあるまい。そのために、いま求められていること――それは、個と個の間で開かれた対話を積み重ねながら、人間らしく生きることの条件について一人ひとりが粘り強く思考することではないか。その営みの糧となるものが、教養に外ならないと私たちは考える。歴史とは何か、よく生きるとはいかなることか、世界そして人間はどこへ向かうべきなのか――こうした根源的な問いとの格闘が、文化と知の厚みを作り出し、個人と社会を支える基盤としての教養となった。まさにそのような教養への道案内こそ、岩波新書が創刊以来、追求してきたことである。

岩波新書は、日中戦争下の一九三八年一一月に赤版として創刊された。創刊の辞は、道義の精神に則らない日本の行動を憂慮し、批判的精神と良心的行動の欠如を戒めつつ、現代人の現代的教養を刊行の目的とする、と謳っている。以後、青版、黄版、新赤版と装いを改めながら、合計二五〇〇点余りを世に問うてきた。そして、いままた新赤版が一〇〇〇点を迎えたのを機に、人間の理性と良心への信頼を再確認し、それに裏打ちされた文化を培っていく決意を込めて、新しい装丁のもとに再出発したいと思う。一冊一冊から吹き出す新風が一人でも多くの読者の許に届くこと、そして希望ある時代への想像力を豊かにかき立てることを切に願う。

（二〇〇六年四月）

岩波新書より

自然科学

花粉症と人類　小塩海平
美しい数学入門　伊藤由佳理
統合失調症　村井俊哉
リハビリ　生きる力を引き出す　長谷川幹
がん免疫療法とは何か　本庶佑
ユーラシア動物紀行　増田隆一
津波災害〔増補版〕　河田惠昭
技術の街道をゆく　畑村洋太郎
抗生物質と人間　山本太郎
ゲノム編集を問う　石井哲也
霊長類　消えゆく森の番人　井田徹治
系外惑星と太陽系　井田茂
文明は〈見えない世界〉がつくる　松井孝典
首都直下地震◆　平田直
南海トラフ地震　山岡耕春
ヒョウタン文化誌　湯浅浩史
人物で語る数学入門　高瀬正仁
桜　勝木俊雄
エピジェネティクス　仲野徹
算数的思考法◆　坪田耕三
地球外生命　われわれは孤独か　長沼毅・井田茂
科学者が人間であること　中村桂子
富士山　大自然への道案内◆　小山真人
近代発明家列伝　橋本毅彦
川と国土の危機　水害と社会　高橋裕
適正技術と代替社会　田中直
四季の地球科学　尾池和夫
地下水は語る　守田優
キノコの教え　小川眞
宇宙から学ぶ　ユニバソロジのすすめ　毛利衛
心と脳　安西祐一郎
職業としての科学　佐藤文隆
太陽系大紀行　野本陽代
偶然とは何か　竹内敬
ぶらりミクロ散歩　田中敬一
冬眠の謎を解く　近藤宣昭
人物で語る化学入門　竹内敬人
宇宙論入門　佐藤勝彦
岡潔　数学の詩人◆　高瀬正仁
タンパク質の一生　永田和宏
疑似科学入門　池内了
火山噴火　鎌田浩毅
数に強くなる◆　畑村洋太郎
人物で語る物理入門　上・下　米沢富美子
日本の地震災害◆　伊藤和明
宇宙人としての生き方　松井孝典
旬の魚はなぜうまい◆　岩井保
私の脳科学講義　利根川進
宇宙からの贈りもの◆　毛利衛
市民科学者として生きる　高木仁三郎
科学の目　科学のこころ　長谷川眞理子
地震予知を考える　茂木清夫
生命と地球の歴史　丸山茂徳・磯崎行雄

(2021.10)　◆は品切，電子書籍版あり．　(S1)

岩波新書より

環境・地球

グリーン・ニューディール　明日香壽川
水の未来　沖大幹
異常気象と地球温暖化　鬼頭昭雄
エネルギーを選びなおす　小澤祥司
欧州のエネルギーシフト　脇阪紀行
グリーン経済最前線　井田徹治・末吉竹二郎
低炭素社会のデザイン　西岡秀三
環境アセスメントとは何か　原科幸彦
生物多様性とは何か　井田徹治
キリマンジャロの雪が消えていく　石弘之
イワシと気候変動　川崎健
森林と人間　石城謙吉
世界森林報告　山田勇
地球の水が危ない　高橋裕
地球環境報告 II　石弘之
地球温暖化を防ぐ　佐和隆光
地球環境問題とは何か　米本昌平
地球環境報告　石弘之
ゴリラとピグミーの森　伊谷純一郎
国土の変貌と水害　高橋裕
水俣病　原田正純

情報・メディア

実践 自分で調べる技術　宮内泰介
生きるための図書館　竹内さとる
流言のメディア史　佐藤卓己
メディア不信　何が問われているのか　林香里
グローバル・ジャーナリズム　澤康臣
キャスターという仕事　国谷裕子
読んじゃいなよ！　高橋源一郎編
読書と日本人　津野海太郎
スポーツアナウンサー　実況の真髄　山本浩
戦争と検閲　石川達三を読み直す　河原理子
NHK〔新版〕　松田浩
震災と情報　徳田雄洋
メディアと日本人　橋元良明
デジタル社会はなぜ生きにくいか　徳田雄洋
ジャーナリズムの可能性　原寿雄
ITリスクの考え方　佐々木良一
ウェブ社会をどう生きるか　西垣通
報道被害　梓澤和幸
メディア社会　佐藤卓己
現代の戦争報道　門奈直樹
未来をつくる図書館　菅谷明子
新聞は生き残れるか◆　中馬清福
インターネット術語集 II　矢野直明
メディア・リテラシー　菅谷明子
職業としての編集者　吉野源三郎
岩波新書解説総目録 1938-2019　岩波新書編集部編

(2021.10)　◆は品切，電子書籍版あり．(GH)